图解建筑知识问答系列

空调与给水排水
入门

［日］空气调和与卫生工学会 编

蒋芳婧 潘 嵩 常 利 刘奕巧 译

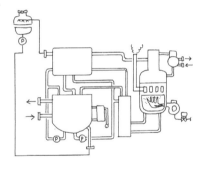

中国建筑工业出版社

著作权合同登记图字：01-2012-0903号

图书在版编目（CIP）数据

空调与给水排水入门/〔日〕空气调和与卫生工学会编；蒋芳婧等译. -- 北京：中国建筑工业出版社，2022.3

（图解建筑知识问答系列）

ISBN 978-7-112-27001-9

Ⅰ.①空… Ⅱ.①日… ②蒋… Ⅲ.①空气调节系统—图解 ②给排水系统—图解 Ⅳ.①TU831.3-64 ②TU991-64

中国版本图书馆CIP数据核字（2021）第269939号

Original Japanese edition

Irasuto de Miru Kuuchou, Kyuuhaisui

Edited by Kuuki-Chouwa, Eiseikougakkai

Copyright © 2008 by Kuuki-Chouwa, Eiseikougakkai

Published by Ohmsha, Ltd.

This Chinese Language edition published by China Architecture & Building Press

Copyright © 2022

All rights reserved

本书由日本欧姆社授权我社独家翻译、出版、发行。

责任编辑：刘文昕　王华月　版式设计：锋尚设计　责任校对：张　颖

图解建筑知识问答系列

空调与给水排水入门

〔日〕空气调和与卫生工学会　编

蒋芳婧　潘　嵩　常　利　刘奕巧　译

*

中国建筑工业出版社出版、发行（北京海淀三里河路9号）

各地新华书店、建筑书店经销

北京锋尚制版有限公司制版

河北鹏润印刷有限公司印刷

*

开本：787毫米×1092毫米　1/32　印张：5¾　字数：180千字

2022年4月第一版　　2022年4月第一次印刷

定价：**35.00**元

ISBN 978-7-112-27001-9

　（38746）

前言

本书面向环境工程相关学科的学生，以建筑设备相关公司的新员工、销售人员、办公人员等人群为主，同时也面向普通读者。为使读者能够理解建筑中的空调设备及给水排水卫生设施方面的基础知识和实际原理，使用插图进行简单易懂的阐述。

无论是在空调设备、给水排水卫生设备领域，还是在其他领域，近年来，新的技术正在被开发，法律也为此进行了修改或新的法律得以出台。本书将基于此展开论述。

为了理解空调设备和给水排水设备，掌握水和空气的基础知识是必不可少的，因此本书的第1章就此进行了论述。就与水相关的知识理论，本书记述了水与卫生、水的使用方法、美味好喝的水、水道与下水道、军团病等知识。就与空气相关的知识，本书论述了空气的性质、空调负荷、给气与换气、人的冷热感觉与舒适空调、室内空气质量等知识理论。

第2章论述了暖气设备与空调设备的历史、多种多样的空气调节方式、自动控制、排烟与防烟系统等知识理论。

第3章论述了排水卫生设备的历史、水供应、热水供应、卫生器材、排水与通气、净化槽、排水再利用与雨水利用、污物碾碎机、垃圾处理、灭火、气体、自动控制等知识理论。

第4章论述了安装在住宅、办公楼、酒店、无尘室、医院与老人福利院、浴池、温泉设施、学校校园、超高层建筑、圆顶与大空间建筑、海洋馆等场所的设备。

第5章论述了第4章提到的设备所使用的水泵、通风机、制冷机、热泵、锅炉、供给热水用的热源设备、空调机、水箱、配管和阀门种类、风道、保温等设备和知识理论。

第6章论述了配管工程、防止震动和噪声、抗震施工、防冻结、建筑设备的维持管理、设备的使用寿命和更新、金属材料腐蚀、配管的诊断与更新等与第4章所提到的设备的施工与维护管理相关的理论与知识。

第7章论述了与空调设备与给水排水设备相关的地球环境问

题与节能等方面的理论与知识。

此外，空调设备领域的理论知识由千叶孝男委员执笔，给水排水卫生设备领域的理论知识由前岛健主审来执笔。同时与两部分领域相关的理论知识由双方共同完成，后面的目录会就此标注星号。

如果本书能给读者带来帮助，将是我们无上的荣幸。

最后，我谨向千叶孝男委员、担任审读的纪谷文树委员和藤田稔彦委员以及担任插图的濑谷昌男委员表示由衷的感谢！

前岛　健
2008年2月

目录

☆：表示本章节由前岛健、千叶孝男共同完成。

1-01 水是什么样的物质

　　地球上存在许多水，因此，地球也被称为"水的星球"。地球上水的蕴藏量达14亿km³，其中约97.5%为海水，其余为冰川、湖沼、河川、地下水等。水不停地重复着循环，即受到太阳热量而蒸发变成水蒸气，水蒸气又以雨或雪的形式回到地球表面。

　　水根据温度与压力的不同，可以变成固体——冰，也可以变成液体——冷水或热水，还可以变成气体——水蒸气。例如，在1个气压的大气中，水在100℃下沸腾变成水蒸气，而在高山等气压较低的地方，在低于100℃的温度下即可沸腾。另外，水变成冰以后，其体积将会增加大约一成，水的密度为1kg/L，而冰的密度较小，为0.917kg/L，因此，池子里的水会从表面开始结冻，水杯里的冰会浮在水面上微微凸起，而自来水管里的水一旦冻结，则会出现管道破裂等现象。

　　冰变成水的熔点（从液体水的角度来看为凝固点）以及水变成水蒸气的沸点与其他液体相比相当高，这是水的一个特点。另外，液体水的比热为4.2kJ/（kg·℃），在100℃下蒸发时的蒸发热（汽化热，从作为气体的水蒸气来看为凝缩热）为2.256kJ/（kg·℃），这些值与其他液体相比也非常的大。

　　另外，水具有可与其他多种液体、固体、气体等溶合的特性，特别是当气体溶解在水中时，压力越大溶解得越多，温度越高溶解得越少。这一特性被用于洗涤污垢时去除固体或者液体的污渍，或者运用于制作啤酒、碳酸饮料等发泡饮料。但是，水里也会融入空气以及其他各种物质，因此也会导致发生酸雨，水管内侧会出现因水中溶解氧导致腐蚀等情况。

　　水具有黏性，因此水在固体表面移动时会产生摩擦。温度越高黏性越小。

　　水通过物理或化学处理可变得活性化。活性水可用于植物的人工栽培或维持植物新鲜度等。

　　由于水具有以上特性，动植物的生存、地球、大自然都依赖水，人类也以各种方式使用水。另外，一个人一天需要1.5~3L水才可以维持生存。

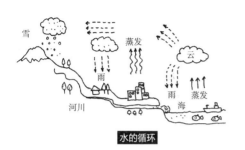

雪
蒸发
云
雨
雨 蒸发
河川 海

水的循环

一个人一天需要 1.5 ～ 3L
水才可以维持生存

凝固热
334kJ/kg

在100℃下汽化热为
2256kJ/kg

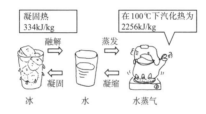

融解 蒸发

凝固 凝缩

冰 水 水蒸气

水因热产生的各种变化

约70℃

喜马拉雅山 约87℃

富士山

100℃

低地

水的沸腾温度（根据气压不同而改变）

酸雨

NOₓ

酸雨

1

水与空气

1-02 水与卫生

有水的地方，一定会有细菌繁殖。因水而感染的疾病有以下这些：伤寒症、副伤寒、痢疾、霍乱、由隐孢子虫等引起的消化器官感染症、由O157病原性大肠菌与沙门氏菌引起的食物中毒、脊髓灰质炎、传染性肝炎、咽头结膜炎等病菌性疾患、蛔虫症、钩虫症、肝吸虫症等寄生虫症等。1999年修订法律后，传染病改称为感染症，军团病（请参见1-14）也被加入其中。

很久以前，人们便意识到受到污染的水会引起疾病。古希腊的医学家希波克拉底（B.C.460～B.C.375年）认为，从污浊的水中产生的空气即瘴气是引起传染病的原因。

直到19世纪后半期，在罗伯特·科赫（1843～1910年）通过实验证明传染病的原因是病原性细菌之前，人们一直相信"瘴气说"与吉罗拉摩·法兰卡斯特罗（1478～1553年）提出的"接触传染说"是导致传染病的原因。

因此，欧洲各地开始兴建水道与下水道，1349年英国暴发瘟疫，修建了水管的坎特伯雷的克赖斯特彻奇修道院幸免于难。但是，初期的水道没有进行过滤或消毒，反而可能因供给含有病原菌的水而导致水系传染病。1854年，伦敦流行霍乱时，斯诺通过调查发现，使用来自泰晤士河下游的自来水的家庭以及使用流入了污水的井水的家庭发生霍乱的概率较高。但是，当时还不知道病原菌。

在日本，为了方便用水，同时也因为霍乱等水系传染病的流行，人们开始修筑自来水管。然而，也发生了因自来水以及饮用水而导致痢疾的事例。1937年大牟田市痢疾事件中，因自来水未消毒，产生了约13000名病人，其中700人左右死亡。另外，1998年，长崎综合科学大学使用井水，井水未接受消毒受到痢疾菌污染，导致821人患上痢疾。

水中的细菌

可以喝的水

1-03 建筑与给水排水卫生设备

水对于维持生命来说是不可或缺的。另外，水除了用于洗脸、洗澡、做饭、洗衣、扫除、冲厕所、洗车、园艺等日常生活之外，还被用于灭火设备、泳池等娱乐设施，公园的喷泉、道路融雪等。作为大规模的用途，水还具有农业用水、水力发电、养鱼场、工业用水等各种用途，水在使人们的生活变得便利而舒适安全方面，或者说在提高生活富裕程度方面发挥着重大作用。

在古代，人们从泉、河流等处汲水，或者使用雨水。用过的水倒在地面或者倒入水沟等地方并将其排放到屋外，然而当许多人聚集在一处生活时，这种生活方式就变得非常不卫生、不方便了。为了更加卫生、便利地使用水，人们需要通过配管供给洁净水，用过的水需要通过配管迅速排放。这样的设施就是1-05以及1-07中所描述的公共设施——水道、下水道，是建筑物中的基础性给水排水卫生设备（请参照第3章）。

但是，当人口集中在大城市时，就会发生缺水现象，因此在较大规模的建筑中，人们开始使用处理过的排水再利用水以及将雨水用于冲洗卫生间。这些水叫做杂用水，也就是人们俗称的中水。

过去，人们用锅烧热水，泡澡水在泡澡间直接烧，其热源为木柴、炭等。然而现在，人们使用煤气、柴油、电等做热源，供热装置也变得多样化，已经不存在没有安装热水供应设施的建筑物了。

住宅与宾馆的浴室采用独立淋浴单元设施，卫生间也通常是独立卫生间单元设施。然而，最近，市面上也销售供住宅使用的浴室取暖设备以及浴室换气取暖干燥机等设备。

另外，现在人们安装容易使用的卫生器具，全球通用的设计得到普及，给水排水卫生设备变得十分方便而卫生。

在修筑摩天大楼时，高度达3层楼的各种配管在工厂单元化，在施工现场直接吊装，在现场的地面上修建地板，在地板下安装喷洒器配管等，吊装地板等施工的工业化也在进行中。

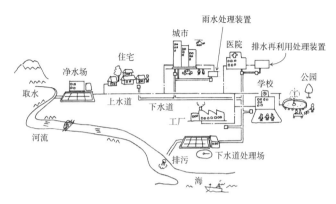

雨水处理装置
城市
住宅
医院
排水再利用处理装置
净水场
取水
上水道
下水道
学校
公园
工厂
河流
排污
下水道处理场
海

建筑与配排水卫生设备

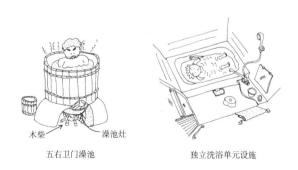

木柴　　　澡池灶

五右卫门澡池　　　　　独立洗浴单元设施

泡澡设备也进化了

1-04 水之使用与水源

在2004年一年间，我们所消费的水，除去养鱼用水、电力行业、供应煤气、热供应行业等公益事业用水之外，约为839亿m^3，其中约66%为农业用水，约19%为生活用水，约15%为工业用水。这些水都来自何处呢？

饮用水一般是将河川、湖沼、井水处理之后通过自来水管供应，在没有铺设自来水管的情况下，人们使用井水或沼泽水，这些水必须达到与自来水同等的水质标准。另外，日本的自来水供应对象人均普及率在2005年末为97.2%。

用于饮用之外用途的水，还使用河川水、海水、经过处理的地下水等再利用水，有些地区还将从前为工业区铺设的工业用自来水管转为住宅用。

即便在没有铺设自来水管道的情况下，虽然根据地区与当年天气有所不同，人们因枯水而采取分时间段来供应水。在大型建筑物中，人们开始将再循环水、雨水等用于饮用之外的其他用途。另外，在孤岛等地区，人们自古以来便使用雨水。

水深200m以上的海洋深层水因其富含营养盐与矿物质成分，人们将之作为饮用水及其他产品在市面上销售。

如1-03所述，水被用于各种用途，除了这些用途之外，水还有一种有趣的用法，即用于切割。这种方法被称为"水切割"。它是从直径0.1～1mm的喷嘴中以每秒500～800m的速度喷射超高压的线状水，从而进行切割。这种方法不必担心刀刃磨损，也不会发热，不仅可切割直线，还可以进行曲线切割。在切割金属、玻璃、FRP等坚硬物体时，需要在水里添加研磨剂。

水源与所使用的水

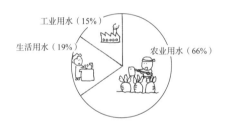

工业用水（15%）
生活用水（19%）
农业用水（66%）

2004年所消费的839亿m³水的使用明细

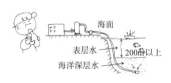

海洋深层水是什么?

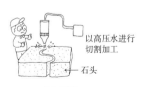

以高压水进行
切割加工

石头

水切割

1-05 水道的种类与结构

水道是指根据水道法规定，由水道从业者供给适合人们饮用的水的设施。水道法制定的目的是"通过水道，以低廉的价格供给洁净、丰富的水，从而为提高公共卫生与改善生活环境做出贡献"。

水道一般分为三种，即普通的"上水道"、供水人口低于5000人的"简易水道"以及达到一定规模的自家用水道"专用水道"。这些水道在2004年度的供水量为164亿m³，其中，上水道供水量占94.7%，简易水道供水量占5%，专用水道供水量占0.3%。

另外，2005年度末的水道人口普及率在东京与冲绳为100%，大阪为99.9%，神奈川、爱知县为99.8%，全国普及率为97.2%。2004年度上水道的水源比例为：河水、水坝、湖沼水等地表水为73%，伏流水、浅井、深井等地下水为24.3%，其他为2.7%。

被称为水道的设施除了上述三种之外，还包括"简易专用水道"与"小规模贮水箱水道"。"简易专用水道"是指有效容量合计超过10m³的、以自来水为水源的水箱，低于10m³的则是"小规模贮水箱水道"。这两种被称为贮水箱水道，属于大楼与公寓的供水设备，水道安装者有义务对贮水箱（受水箱与高置水箱）进行定期清扫、检修与水质检查。

水道水的水质必须遵循水道法所规定的饮用水水质标准。这一水质标准包括微生物、重金属、无机物质、有机物质、消毒副生成物等其他51条标准，这些条目都由厚生劳动省规定。

除水质标准之外，考虑到水可能遭受污染，人们还规定了水龙头出水的具有消毒能力的残留氯气的浓度。

水道设施一般由取水设施、导水设施、净化设施、送水设施、配水设施构成。取水设施从水源引入原水，导水设施将原水送去净化，净化设施将原水变成符合自来水水质标准的水、并注入氯气，送水设施将净化水送入配水设施，配水设施包括配水池，将送水设施送来的水量与每个时间段不同的用水量进行调整后，将洁净水以必要的水压输送到用户处。

另外，洁净水基本采用沉淀过滤法，然而最近，为了提供美味好喝的水，许多净水场开始采用活性炭处理、臭氧处理等深度处理方法。

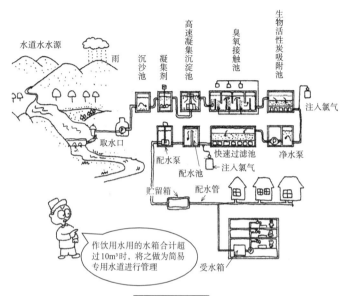

作饮用水用的水箱合计超过10m³时，将之做为简易专用水道进行管理

净水场的结构示例

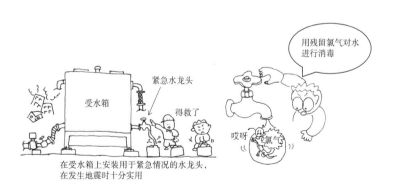

在受水箱上安装用于紧急情况的水龙头，在发生地震时十分实用

确保饮用水的供应与安全

水与空气

1-06 美味好喝的水

　　曾经有一段时间，许多人抱怨自来水有发霉的味道或氯气味太重，于是，许多自来水供应者逐渐采用粒状活性炭处理、臭氧处理、生物膜处理等进行深度处理加工，如今很多人认为自来水比从前变得美味好喝了。而另一方面，2006年矿泉水的消费量为人均每年18.4L，净水器的普及率约为40%。

　　《水道法》所规定的饮用水水质标准如1-05所述，由厚生劳动省（日本政府机关，简称"厚生省"）的51条规定组成，然而，厚生省另外还于2003年公布了包括4条关于味道的规定即合计27条的"水道管理目标设定条目"。此外还将饮用水称为上水。

　　为了防止饮用水中的杂菌繁殖，就有必要使水中保持有一定量的残留氯气。净水器中有氯气消毒过程中产生的致癌物三卤代甲烷、有包覆在吸附杂菌的银表面的活性炭，还有活性炭处理之后使用的中空纤维超滤膜，等等。碱性离子水处理器通过电解净化后的水，可以提供碱性水和酸性水。pH值为7.5～9.5的碱性离子水可以改善胃肠功能，而pH值为4.5～6.5的酸性水因有美容功效也被称作收敛性化妆水。

　　净水器与锂负离子整水器处理过的水中，由于活性炭吸走氯气，水中不再有残留氯气，因此长时间不用可能产生细菌繁殖，因此需要每天早上按照净水器等所写的时间放水，仔细阅读该说明书后再使用。

　　另外，人们也采取在建筑物内安装供应上等质量水的装置，采用通过配管将好水供应给使用点的方式，而不是在每个需要用水的点都安装净水器。供应上等水质水的装置在活性炭处理后，还采取以紫外线灯对水消毒的方式、除去活性炭与细菌的膜处理组合装置、除去水中悬浮物、添加矿物质、以砂、花岗岩、大理石等过滤装置等，形式多种多样，而在以活性炭除去氯气的装置中，为了确保水中的残留氯气含量，最后会添加氯气。

　　山或溪谷中的饮用水经过天然过滤，变成了美味好喝的水。什么样的水美味好喝因人而异，不过，厚生省的"美味水研究会"在1985年发布了"美味水的构成要素"。

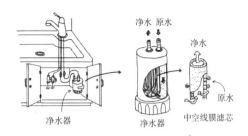

净水 原水

净水

净水器

净水器

中空线膜滤芯

原水

净水器

土壤过滤

美味水的构成要素（厚生省，1985年）			
蒸发残留物	30～22mg/L		
硬度	10～100mg/L	臭气度	3以下
游离碳	3～30mg/L	残留氯气	0.4mg/L，以下
高锰酸钾		水温	20℃以下
钾消耗量	3mg/L以下		

1-07 下水道的种类与构造

下水道根据下水道法而建，由地方共同团体进行管理。下水道法的目的是"通过下水道为城市的健康发展以及为提高公共卫生做贡献，同时保护公用水域"。下水道分为共同下水道、流域下水道与城市下水道三种。

公共下水道拥有终端处理场或者连接到流域下水道。流域下水道拥有终端处理场，设置在两个以上的市町村区域、为不具备终端处理场的共同下水道排水。另外，城市下水道为排雨水而设，不具备终端处理场，因此不能排污水。

下水分为生活或者生产排水（又称"污水"）与雨水两种，同时处理污水与雨水的排水方式叫做合流式，分别以不同的系统处理的方式叫做分流式。在合流式下水道中，雨水也流入终端处理场，当终端处理场里流入过量雨水时，将导致不能处理下水的后果，因此当流入量达到计划下水量的3倍时，下水将从管道中途流入到河川等公用水域。

公共下水道与流域下水道对全人口的普及率在2006年为全国69.3%，札幌市、东京都23区、大阪市等达到99%～100%之高。在日本的各都道府县中，东京都为98.4%，神奈川县为94.5%，和歌山县为14.3%，德岛县为11.5%，差距悬殊。另外，铺设有公共下水道的地区规定，下水必须排入公共下水道。

终端处理场与净化箱一样，是通过好气性微生物将下水中的有机物分解来清洁下水的设施。

随着城市化的推进，田地、森林、池塘等可以吸纳贮存雨水的场所逐渐消失，地表铺上了混凝土或柏油，这样导致流过地表的雨水量增加，即便只是短时间的降雨也可能超过河流或下水道的负荷能力，从而产生道路浸水或路面积水等问题。

为了控制这类问题，人们采取了各种控制雨水排水的措施，如将雨水槽变成渗透槽，将道路铺设成为具有渗水性能的路，在未经铺装的校园或者操场下铺小石头等。

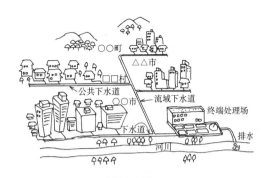

下水道的概要

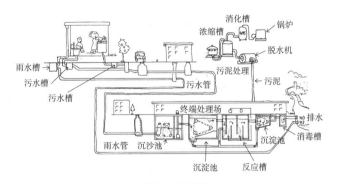

下水处理流程示例

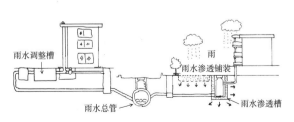

雨水排水配管示例

1

水与空气

1-08 空气具有什么样的性质

地球上天然存在的空气成分大部分为氮与氧，另外还含有少量氩、二氧化碳、氖、氦等。各种成分在大气中的比例是大致固定的。除了这些成分外，大气中还含有水蒸气，其量随着温度、气压、气象状况的变化而不停地发生变化。

不包含水蒸气的空气称为"干空气"，含有水蒸气的空气称为"湿空气"。自然界中不存在干空气。空气中所含水蒸气量根据气压与温度存在一个最大值，达到水蒸气最大值的空气称为"饱和空气"，没有达到最大值的空气称为"不饱和空气"。

以普通温度计测量到的空气温度叫做"干球温度"，也就是我们通常所称的温度。

显示空气中湿度的指标有许多种类。其中用湿布裹住棒状温度计的感温部，在其周围空气以3~5m/s以上的速度流过时测得的温度叫做"湿球温度"。空气中可含的水蒸气量是固定的，如果将不饱和空气冷却，空气中的部分水蒸气就会结露，这一温度叫做湿空气的"露点温度"。

空气湿度可以通过1kg干空气中含有的水蒸气的质量来显示，这种湿度叫做"绝对湿度"，单位为kg/kg（DA），kg（DA）是每1kg干空气的意思。

空气的压力是空气中所含各种物质各自所占压力（各自所占压力叫做分压）的总和，将其中水蒸气所占压力除以相同温度的饱和空气中水蒸气的压力，以百分比所显示的湿度叫做空气的"相对湿度"，我们日常生活中所说的湿度通常指的是相对湿度。

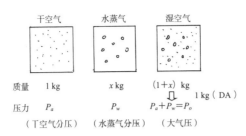

质量	1 kg	x kg	$(1+x)$ kg（DA）1 kg
压力	P_a	P_w	$P_a+P_w=P_o$
	（干空气分压）	（水蒸气分压）	（大气压）

湿空气的构成

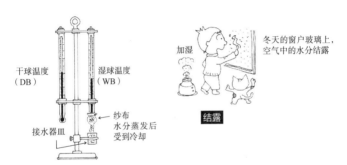

冬天的窗户玻璃上，空气中的水分结露

加湿

干球温度（DB）　湿球温度（WB）

纱布
水分蒸发后受到冷却

接水器皿

结露

干湿温度计

$$相对湿度 = \frac{P_w（空气的水蒸气分压）}{P_{ws}（相同温度的饱和空气的水蒸气分压）} \times 100（\%）$$

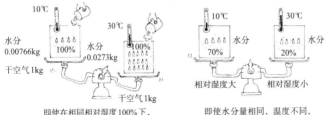

10℃　水分 0.00766kg　100%　干空气 1kg

30℃　水分 0.0273kg　100%　干空气 1kg

即使在相同相对湿度100%下，温度不同所含的水分量也不同

绝对湿度的比较

10℃　水分 70%

30℃　水分 20%

相对湿度大　相对湿度小

即使水分量相同，温度不同，相对湿度也不同

相对湿度的比较

1　水与空气

1-09 建筑物与空调（显热负荷与潜热负荷）

让我们来看一间盛夏时节有人居住的屋子。

外面的温度是干球温度（接下来，只要没有特殊注解，一律简称温度）35℃，相对湿度（接下来，只要没有特殊注解，一律简称湿度）为70%，天气十分炎热。

室内通过空调将温度保持在26℃、湿度55%，热量通过墙壁进入室内，阳光通过窗户玻璃照入室内。而室外的湿热空气也透过窗户的边框等进入室内。在室内，人会出汗发热，照明器具、办公机器等也会散发热量与水分。

从外面进入或者在室内发生的热量达到100W/m²，如果对它放任不管，那么室内的温度与湿度就会不断上升，将不能维持令人舒适的室内环境。为了除去热量，需要以空调机制造冷风吹入室内。

冬天与夏天相反，热量会从室内跑到室外，如果放任不管室内就会变得寒冷，因此需要以空调制造热风。

我们将进出于物质、影响温度高低的热量称为显热，因室内室外温度差进出、从窗户照入的阳光或房间里发生的空调的显热称为显热负荷。

另外，我们将进出于物质，将其状态从气体变为液体或者从液体变为固体，或者引起与之相反现象的热量称为潜热。

空气调节下，开冷气时为了调节室内空气，以除去人体散发的水蒸气以及绝对湿度较高的室外空气中的水蒸气量，用于空气中水蒸气进出的热量被称为潜热负荷。冷气环境下，空调将空气中的水蒸气用空气冷却器冷却后除去，这一过程叫做除湿。在冬天则相反，为防止湿度下降，需要向空调向空气中加入水蒸气以进行加湿。

另外，为了减少室内空气污染而引入室外空气使之变成与室内空气相同状态，每平方米面积所需的热量：夏天为50W，冬天为70W。

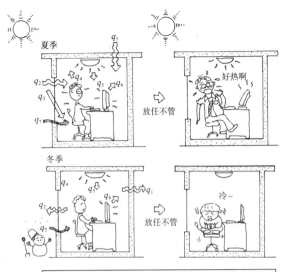

q_1：通过墙体的热量（显热）　q_5：照明器械的发热量（显热）
q_2：通过窗户的热量（显热）　q_6：机器等的发热量（显热）
q_3：日照热量（显热）　　　　q_7：穿过缝隙的风（显热/潜热）
q_4：人体发热量（显热/潜热）

空调的必要性

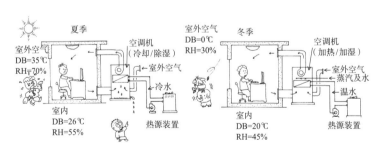

DB：干球温度（Dry Bulb Temperature）
RH：相对湿度（Relative Humidity）

室内外的干球温度与相对湿度

水与空气

1

1-10 建筑物与空调（给气与还气）

进入办公大楼或百货商场，有时可以看见顶棚上有一两个同心圆状的东西，或者是靠近顶棚的墙壁上有一些四方形的百叶窗。在大厅或者剧场等地方，可以看到墙壁的上方有许多筒状的开口。这些大部分是用于空气调节的空气出口。

通过这一出口，夏天吹出干球温度、绝对湿度（请参照1-08）都低于室内空气的冷风，冬天与夏天相反，吹出干球温度、绝对湿度都高于室内空气的暖风，与室内空气混合后，输送给室内的人。这一吹出的空气叫做"给气"。

另外，在房屋的角落或走廊墙壁下方，有大的四方形、带有百叶窗的开口。这是空调的空气吸入口，吸入室内空气。这一空气也叫做"还气"。

给气与还气都通过送气管道，输送到位于机房的空气调节机（简称空调机）。机房一般位于楼层的角落位置或设置在地面、屋顶上，然而在咖啡厅等场地，空调机也有直接放置在室内的。

空调机中运转着夏天制造冷风的冷冻机，冬天制造暖风的锅炉。冷冻机或锅炉产生的冷水、温水与蒸汽通过配管后输送到空调机的空气冷却器、加热器以及加湿器。输送水时使用泵。冷却塔作为冷冻机的附件被安装在屋顶上。

房间内的空气因为室内人员的呼吸、室内产生的粉尘、废气等而逐渐变得污浊，所以需要将污染较少的外部空气吸入空调机中。另外，为了空调节能，室内空气的一部分将作为还气在空调机中循环再利用。为了去除这些空气中的不纯物质，空调机中安装了空气滤片。送风机将经过空调机处理的空气通过管道输送到室内。

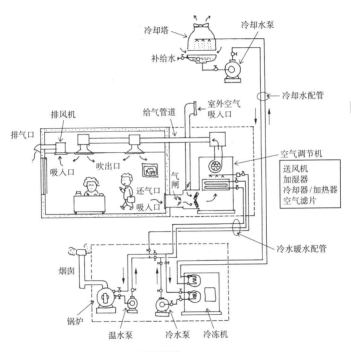

空调系统

1-11 人的冷热感觉与舒适空调

生物的生存离不开能量源。人要生存也需要每日进食，从而补充能量。人活动所必需的能量叫做代谢量，通常，一个成年人坐在椅子上从事办公室工作时需要约120W的能量，在工厂从事轻体力劳动者需要200W，打保龄球需要400W。

人体代谢量的一部分从体温约37℃的身体向周围的空气、墙壁、顶棚等通过对流、放射、热传导等进行传播，剩下的部分以水蒸气、汗的形式从体内向周围空气排出。

如果体内的热量向体外排放顺畅，那么人体就不会感觉热或者冷，而如果周围的空气温度或湿度过高或过低，热量排放不顺畅，导致体内积蓄热量的话人就会感觉热，如果体内热量过多地被外部空气夺走，那么人就会感觉冷。为了不让人体感觉到热或者冷，人们使用空调与暖气、冷气，将室内空气的温度与湿度调节到舒适状态。

人体对于热、冷的感知叫做冷热感，它受到人的活动状态、年龄、性别、所穿衣服种类等因素影响，另外还受到周围空气的温度、湿度、气流、风向、人周围的墙壁、地板、顶棚、家具等的表面与人体表面之间进行放射热交换等因素的影响。

由于人的冷热感受上述各种条件的影响，因此人们对各种不同人种的大量人群进行实验，从而求得令绝大部分人感觉舒适的温度湿度以及气流条件。其代表性成果有美国暖气冷冻空调学会（ASHRAE）规定的"ANSI/ASHRAE舒适线图"以及丹麦工科大学的范格教授所提出的"舒适方程式"与"预期平均申告（PMV）"。

对于普通人的日常生活来说，夏天温度25~27℃，湿度50%~60%，冬天温度20~23℃，湿度40%~50%是舒适的环境。

在日本，关于配备有空调设备的室内环境，"关于确保建筑物卫生环境的法律（通常称《建筑物卫生法》）"中规定了温湿度等环境条件，根据这一法律规定，舒适环境的温度为17~28℃，相对湿度为40%~70%。

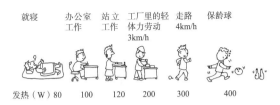

人从事各种活动的发热量

就寝　办公室工作　站立工作　工厂里的轻体力劳动3km/h　走路4km/h　保龄球

发热（W）80　100　120　200　300　400

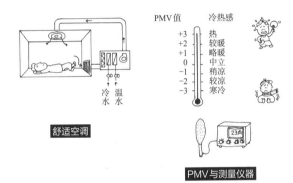

PMV值　冷热感
+3　热
+2　较暖
+1　略暖
0　中立
−1　稍凉
−2　较凉
−3　寒冷

舒适空调

PMV与测量仪器

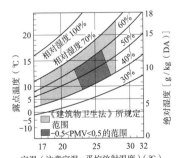

相对湿度100%
相对湿度70%
60%
50%
40%
30%

《建筑物卫生法》所规定范围
−0.5<PMV<0.5的范围

露点温度（℃）
绝对湿度［g/kg（DA）］
室温（注意室温=平均放射温度）（℃）

PMV的计算条件：办公室内坐在椅子上的工作程度

温热环境条件的比较（《建筑物卫生法》规定的范围与PMV的推荐范围）

1-12 室内空气质量与换气

大气中二氧化碳（CO_2）的浓度现在大约为0.035%（350ppm：parts per million，100万分之1）。在室内坐着从事办公室工作的人通过呼吸每小时约制造0.03m³二氧化碳，因此，室内空气中二氧化碳浓度会逐渐上升。

伴随人类生活与活动，不仅会制造二氧化碳，还会产生臭气等各种导致空气变得浑浊的物质，有时候空气会浑浊到令人类无法继续在其中生活或活动，甚至会导致死亡。

伴随技术的发展以及生活水平的提高，化石燃料消费量的增加成为污染大气的一大原因，导致全球变暖以及酸雨等问题。另外，因大量使用新建筑材料，而在办公室大楼或一般住宅中出现的病态建筑综合征和病屋综合征（请参照1-13）等现象也是室内污染所导致的。

《建筑物卫生法》（请参照1-11）规定，室内空气的浮游粉尘量应低于0.15mg/m³，一氧化碳应低于100万分之10（10ppm），二氧化碳应低于100万分之1000（1000ppm），甲醛含量应低于0.1mg/m³。

将浑浊的空气替换为不含不纯物质的更新鲜空气的做法叫做换气。

换气的方法有借助空气温度差所生产的浮力等自然力换气的自然换气法与使用送风机等人工替换室内外空气的机械换气法两种。

机械换气法还可以进一步分为以下三种。

1）第一种换气法：使用送风机与排风机；
2）第二种换气法：仅使用送风机；
3）第三种换气法：仅使用排风机。

自然换气法也被称为第四种换气法。地下室等难以进行换气的场所、使用化学药品等的工厂等场所通常使用第一种换气法，无尘室等不能让外部的受污染空气进入室内的场所通常使用第二种换气法，化学实验室等接触有毒气体或放射性物质等的房间通常使用第三种换气法。普通住宅厨房里的排风扇属于第三种换气法。

真讨厌!

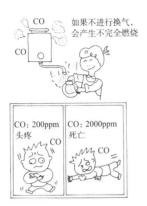

如果不进行换气,会产生不完全燃烧

一氧化碳浓度与其对人的影响

二氧化碳浓度与其对人的影响

1

水与空气

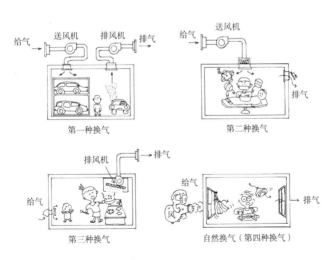

换气的种类

1-13 致病建筑与致病屋

最近，报纸上经常出现致病屋等词。它是指在刚建成的住宅里，建筑材料或家装材料、家具中所使用的涂料或粘结剂里含有的挥发性有机化合物（VOC）等化学物质散发到室内空气中，造成居住者头疼、眼睛疼、恶心等症状，对化学物质过敏或过敏性体质的人患上各种疾病的状况。被视为住宅化学物质所造成的污染。

这种现象最初出现在欧美各国的建筑大楼中，以致病建筑综合征或者致病屋综合征的名字传播到日本。在欧美国家，1973年石油危机之后，由于人们提高了建筑物的隔热性与密封性，减少了用于换气的外部空气量等节能措施，导致室内建筑材料散发的甲醛等化学物质浓度升高，居住者开始申诉出现头疼或原因不明的身体状况变糟的现象。

幸好日本的建筑物，尤其是空气调节系统达到一定规模的建筑物中，《建筑物卫生法》规定室内空气的二氧化碳浓度需低于1000ppm，用于换气的外部空气量为欧美国家的3~4倍以上，因此没有出现类似问题。《建筑物卫生法》（参照1-11）对室内空气中甲醛的含量也做出了规定。

即便是新建成的建筑，在建成后几个月内建筑材料会散发出化学物质，但只要引入外部空气，充分进行换气，就可以在较短时间内使浓度下降到人体几乎感觉不到的程度。因此，在具备空气调节设备的大楼中，这类问题比较少，但在密封性较高的住宅里这类问题比较多。

如今，为了防止这类问题发生，人们开始研发不使用甲醛等会导致病屋的有机化合物的建筑材料粘结剂，并推向市场。

今后可以预见，在更多运用这类新建筑材料的同时，人们会积极采用建筑物中配备可充分进行换气的建筑物形态与相关的设备。

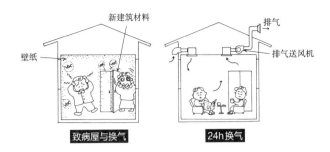

致病屋与换气　　　　　24h换气

化学物质的影响

主要的建筑物中健康状况不佳的申诉（来源于美国国立劳动安全卫生研究所）

不适症状	占调查对象建筑的比例（%）	不适症状	占调查对象建筑的比例（%）
眼睛干涩发痒	81	皮肤干燥	38
喉咙干渴	71	呼吸困难	33
头疼	67	咳嗽	24
倦怠感	53	头晕	22
红斑	51	想吐	15

甲醛对人体的影响

浓度（PPM）	暴露条件	影响
20	接触（1min以下）	不快感、流泪
13.8	接触（30min）	眼睛与鼻子疼痛
0.5~10	一般住宅	眼睛疼、头疼、皮肤障碍、呼吸器官障碍
4~5	工作场所（10~30min）	不快感、流泪
0.67~4.82	一般住宅	想吐、拉肚子、流泪
0.02~4.15	一般住宅	眼睛与上气道疼痛、头疼、疲劳、拉肚子、想吐
0.9~2.7	工作场所	上气道疼痛、流泪
0.3~2.7	工作场所	不快感、流泪、呼吸器官气管疼痛、失眠、嗜睡、想吐、头疼

〔注〕1. 致病屋症候群：Sick House Syndrome
2. 致病建筑症候群：Sick Building Syndrome
3. 挥发性有机化合物：Volatile Organic Compounds（VOC）

水与空气

1-14 军团病是什么

军团病是当吸入含有嗜肺军团菌这种细菌的悬浮尘粒（空气中含有的液体与固体微粒子的总称）后会患上的一种肺炎疾病。

1976年7月，美国费城贝尔景观·斯特拉特·福德酒店中有多人感染肺炎，房客188人与过路人39人染病，其中房客中有34人死亡。因大部分患者是在乡军人，因此也称为在乡军人病。1977年，人们发现了这种病的病原菌，该病原菌所属的菌群总称为嗜肺军团菌，如今已发现50种。

人们后来还发现在早于费城感染的、有类似症状的患者身上发现的病原菌也属于嗜肺军团菌。

这种病的潜伏期通常为3~6日，死亡率略高于10%，很少在人与人之间传播，多数人不会感染，通常容易感染此病的人是50岁以上的深度吸烟者、嗜酒者、糖尿病患者、肾脏病患者，曾患过肺病的人，脏器移植患者等使用免疫抑制剂的人群，年轻人几乎不会感染，而幼儿更不会感染。然而，1996年在庆应义塾大学医院也出现了新生儿感染死亡的病例。另外，据说男性比女性更加容易感染。

嗜肺军团菌是在泥或者水里生存的细菌，在接近人体体温的35~36℃最容易繁殖，在低于20℃或者高于45~50℃以上的温度中不会繁殖或将死亡。

含有嗜肺军团菌的悬浮尘粒发生于冷却塔的飞散水、温度较低的中央循环式热水供应设备的淋浴头或喷水龙头、气泡浴缸等，源于冷却塔与源于热水供应设备的各占40%。对于中央循环式热水供应设备，不让热水温度变凉非常关键。在日本，军团病发生的报告数量不如欧美多，不过在1996~2000年期间，在温泉等洗浴设施内发生了多起病例。那之后，厚生劳动省发出了数个关于防止军团病发生的通知，减少了发生数量。

预防军团病需要令嗜肺军团菌在水或者热水中无法繁殖，因此下述事项十分重要：即将水中的残留氯气维持在合理含量，在设备中不设计水可能停滞的环节，在中央式热水供应设备中将热水温度维持在60~55℃之间，等等。

军团病的发生过程

2-01 暖气设备的发展简史

人们认为，人类的历史始于火的发现。在远古时代，人们在洞穴或竖穴住宅的地板上挖地炉，烧柴火等取暖。在日本，人们在平安时代的住宅里使用火桶或炭盆取暖，在江户时代至20世纪初期，火盆、地炉、暖桌炉和脚炉等是房屋里的主要取暖器具。

古代罗马人使用叫做热坑的地下暖气设施。然而，在罗马灭亡后，这种技术失传，到16世纪左右，人们开始在房间一角安装壁炉，同时开始使用陶制的大型暖炉。

如今我们使用的蒸汽供暖与暖水供暖技术源于18世纪。据说，最早的蒸汽供暖是英国人休·布拉特与1742年在屋外安装锅炉烧出蒸汽直接吹入室内，然后这次尝试最终以失败告终。在他之后不久，人们成功将蒸汽用管道送入室内供暖。温水也与蒸汽一样被用于供暖。在历史上，温水供暖要早于蒸汽，据说，最早的温水供暖出现在1716年，瑞典人将温水用于温室的供暖。

锅炉自古以来便为人们所用，随着蒸汽锅炉技术的发展，蒸汽发动机的使用为英国产业革命发挥了重大作用。铸铁制的锅炉于1770年在英国首次制造。蒸汽供暖与温水供暖被称为直接供暖，进入19世纪后才在欧洲真正普及。

在日本，1877年，工部大学校（后来的东京大学）第一次使用加热空气管的蒸汽供暖，这是日本首例。另外，温水供暖的首次使用是1884年在帝国大学文科讲堂。直到第二次世界大战（简称"二战"）之前，冷气与空气调节在日本还没有得到普及，即使是办公大楼等大型建筑也只有直接供暖。

在市中心的建筑物中统一进行供暖的集中供暖方式始于1875年的美国，二战之后，日本各地也开始采用集中供暖。

炉（弥生时代）

炭盆（平安时代）

暖桌炉（江户时代）

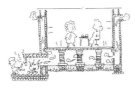

古代罗马的地板供暖（热坑）

壁炉（16世纪）

暖暖的～

欧洲的陶制暖炉

蒸汽

哎呀～

休·布拉特的蒸汽供暖炉
（直接吹出蒸汽供暖，实验失败）

供暖设备的演变

蒸汽

铸铁散热器（散热片）

2

空气调节设备

2-02 空调设备的历史

日本本州以南，夏天空气的温度和湿度都很高，持续的闷热令人无法忍受。每月的平均气温与平均湿度组成的图表叫做温度雨量图。通过此图将欧美各城市的气候与日本的气候相比较时，会发现在夏天就连札幌的湿度都比欧美地区要高。

夏天谁都想待在温度和湿度都低于室外的房间里，冬天谁都想在温暖的室内工作吧。但是在住宅或者办公的房间里，诸多因素都会导致室内空气的温度和湿度在夏天上升，在冬天下降。

中央式空气调节设备是用空气调节器制造出夏天温度湿度较低，冬天温度湿度较高的洁净空气，然后利用鼓风机和通风管向房间里送气的装置。

这种空气调节设备的开发起源于1902年。当时，美国一位名叫W.H.卡利亚的技术员在控制印刷厂的空气温度湿度时想到了这种方法。

在此之前，在剧院等场所，夏天温度较高的时候，人们通过把冰柱放入换气装置中冷却换气用的空气的方法来降温。卡利亚发现将空气冷却到露点温度（空气湿度达到饱和时的温度）以下就可以调节空气的湿度。这与古代埃及国王将素陶瓶表面渗出的水通过蒸发来制作清凉的空气是一个道理。

1907年，日本从美国引进了W.H.卡利亚发明的空气净化器，安装在富士纺织保土谷工厂。据说这是日本最开始使用空气调节设备。在这之后各地的纺织厂也开始使用空气调节设备。日本人最早设计的真正的空气调节设备于1921年安装在东京中野的蚕丝试验场。

1923年，日本兴业银行总店安装了第一台办公楼空气调节设备。在此之后旅馆、百货公司等也开始采用这种空气调节设备。1917年，久原房之助安装了日本第一台家用制冷空调。但是在二战以前空气调节设备的利用主要以工厂空调为主，一般住宅中真正普及是在1955年以后。

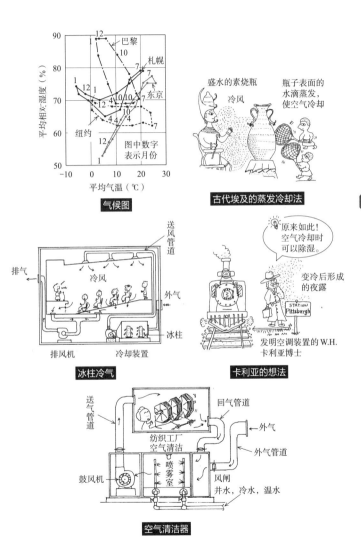

气候图

古代埃及的蒸发冷却法

盛水的素烧瓶
冷风
瓶子表面的水滴蒸发，使空气冷却

冰柱冷气

送风管道
排气
冷风
外气
冰柱
排风机
冷却装置

卡利亚的想法

原来如此！空气冷却时可以除湿。

变冷后形成的夜露

发明空调装置的 W.H. 卡利亚博士

空气清洁器

送气管道
回气管道
外气
外气管道
纺织工厂空气清洁
喷雾室
鼓风机
风闸
井水，冷水，温水

2

空气调节设备

2-03 工厂的空气调节设备

在工厂工作的人们劳动量比较大，相应的新陈代谢量也多，因此工厂需要通过调节空气来创造有利于工作的环境。这种空气调节设备叫做工厂作业空气调节设备。

现在的机械和装置都非常精密。要制作精密的产品，工厂中的温度与湿度必须保持稳定，空气也要保持清洁。

例如，在多色印刷厂，为了使多种颜色重合，需要在同一张纸上多次印刷。在进行这种重复印刷时，周围空气的相对湿度如果有1%的变动，含水率就会变动0.1以上，纸张就容易变皱或拉伸，颜色就无法顺利重叠。如果湿度过低，纸张就会出现卷曲、变形、产生静电、破裂等问题。因此，工厂内的空气湿度与温度通常保持在合适的数值。

像这样为了把室内温度与湿度保持在稳定数值的空气调节设备叫做"工艺性空调"。制造相机、轴承、精密测量工具等的工厂都使用这种空调。被称为"产业之米"的半导体，就是在温度湿度一定，并且空气中没有尘埃粒子和其他不纯气体的无尘室中制造的。

生产日常照相用的胶卷，要先在三醋酯纤维的胶卷上涂上明胶与碘化银的混合物，再把胶卷干燥处理。干燥等过程也要有空气调节设备才能进行。产业界把这种用于制造、贮藏产品的空气调节设备叫做"工业空气调节设备"。

制造化学制品的工场中使用许多药品，如果这些药品泄露到外部，或被工厂中作业的工人吸入体内，可能会影响一部分人的身体健康。为了避免人体接触到被污染的空气，需要将污气排出，换入新鲜空气。将工厂和车间等室内的污气排出并换入新鲜空气的过程叫做"工厂换气"。在工厂内，换气也起着重要的作用。

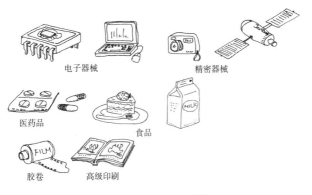

电子器械

精密器械

医药品

食品

胶卷

高级印刷

制造时需要空调的产品举例

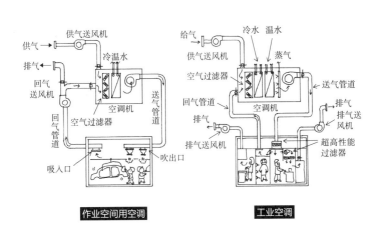

供气送风机

供气➡

排气⬅

回气
送风机

回气
管道

冷温水

空气过滤器

空调机

送气
管道

吸入口

吹出口

作业空间用空调

给气➡

供气送风机

空气过滤器

回气管道

排气⬅

排气送风机

冷水　温水

蒸气

空调机

送气管道

排气
排气送
风机

超高性能
过滤器

工业空调

2-04 空调系统的构造

空调的目的是将某空间的空气温度、湿度、清洁度、气流分布保持在所要求的条件下，同时进行控制。

为此，在一般的办公大楼，在夏天制造出温度湿度比室内低的空气，相反冬天制造出温度湿度较高的空气输送到室内。这种制造空气的机器叫做空气调和机，简称空调机。

空调机内有清除空气中尘埃的空气过滤器，以及将空气冷却或加热的空气冷却器和空气加热器，还有在冬季湿度很低时将空气湿度提高的加湿器。

处理后的空气通过送风机被送到室内，送到室内的空气叫做气源。输送空气的管道叫做通风管。

送入室内的空气从排风口排出，其过程中引导室内空气与其混合，以此保持令人感到舒适的室内状态。出于热量节能的考虑，向室内吹送的大部分空气，会返回空调机，这叫做回气，其余的空气被用于锅炉房和卫生间的换气，从门扇向外排出。

空调机除了利用回气之外，还要使用新鲜的外部空气来进行室内换气。

空调机的空气制冷器，将用冷冻机冷却的7℃左右的冷水和被称为"冷媒"的冷冻机的工质以液态的形式送出。空气加热器则将用蒸汽机制造的热水和蒸汽，以及由冷冻机的凝缩器产生的热水和高温气体状的热媒送出。

冷冻机和蒸汽机产生的冷水和热水会在泵的作用下经过配管被送到空调机等设备内。冷媒和蒸气可以通过自身的压力送达，不需要泵。

冷冻机是为了冷却东西的机器，在冷却时吸走的热量必须释放到其他地方，因此空调设有冷却塔，冷冻机通过泵和管道与其相连。将被释放的热量用于暖气的装置叫做热泵。

空调机的空气冷却器和空气加热器、加湿器等，对室内温度湿度调节起非常重要的作用，为使空调系统整体实现综合性的最佳运转状态，人们可对其进行自动化控制。

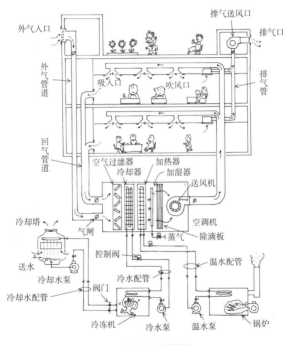

外气入口
排气送风口
排气口
外气管道
吸入口
吹风口
排气管
回气管道
空气过滤器
加热器
冷却器
加湿器
送风机
空调机
冷却塔
气闸
蒸气
除滴板
送水
控制阀
温水配管
冷却水泵
冷水配管
冷却水配管
阀门
冷冻机
冷水泵
温水泵
锅炉

空调系统的构造

2
空气调节设备

2-05 多种多样的空气调节方式

安装空气调节的房间与空气调节机之间，分别有一根气源管与回气管相连接，这种空气调节方式叫做单一管道式。将空气调节用的热能用空气运输的方式叫做全空气式。把空气调节设备设置在建筑物机房中的叫做中央式。

如果在空调用热能的运输时使用水作为媒介，只需要用比通风管细很多的管子就可以。即在需要空气调节设备的房间内安设小型空气调节机，将热能以冷水、热水或水蒸气的方式输送到室内的方法叫做全水式。有一种小型空气调节机叫做风机（风机-盘管空调机），有输入和返回两根管道，制冷时输送冷水，制暖时输送热水，这种方式叫做双管式。

在春天和秋冬之际，大型建筑物可能会同时出现需要暖气的房间和需要冷气的房间的情况。为应对这种情况，通常应用全水式把冷水与热水用不同的管道输送到风机，这种为调节室内温度而转换输送的方式被广泛采用。这种方式中，冷水和热水分别用不同的管道输送和返回，因此叫做四管式。

由于全水式空气调节设备不能使我们随心所欲地对室内空气进行转换，所以我们一般还需要通过管道输送换气用的外气。这种空气调节方式叫做空气-水式空气调节，在大型办公楼、旅馆、剧场和工场等空间被广泛使用。

用冷媒代替水和蒸气的方法叫做冷媒式，其代表性的例子有住宅用的室内空调和咖啡厅常见的柜式空调（见2-08）。最近，被称为多联式的新型冷媒式空气调节设备（见2-08）也在许多建筑中被广泛采用。

另外，越来越多的住宅、医院、老人福利设施开始采用地暖。最近，还出现了将其用于制冷的平板辐射制冷方式。这种方式将吹入降低了绝对湿度的冷风，以防止地板等表面结露。平板指的是在顶棚、地板、墙壁上安装的、用于加热或冷却的、较大面积的板状物。

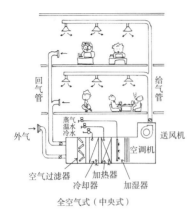

全空气式（中央式）

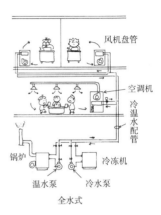

全水式

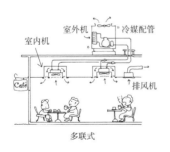

多联式

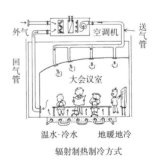

辐射制热制冷方式

多种多样的空气调节方式

2

空气调节设备

2-06 蓄热方式和蓄热种类

如今人们都在倡导要节省能源，但由于冷气的普及，民宅和大楼里所消费掉的民用能源仍在不断增加。空调的电力消费量增加尤为显著，因为夏季白天冷气用电的原因，会发生电力设备达到最大负荷的情况。虽说如此，为了应对电力消费量的增加而采取的建设新发电厂的对策，由于一些社会原因很难付诸实践。

为了解决这个问题，让制冷用的制冷机在电力负荷相对较小的夜间运行，例如，事先在建筑物的地中梁或地上的水槽里放入一些冷水或者冰块，白天需要制冷时用泵抽上来使用，这样就减少了制冷机的负荷以及运作时间。这种把制冷机的部分或全部电力负荷转移至夜间的方法就叫做蓄热方式。

原本以空气温度调节负荷的最大容量为标准，来选择制冷机。但在负荷变动大的情况下来实现制冷机的负荷平均，从而达到了节约设备投资金的效果，这种蓄热方式便由此产生。就上述电力供给的情况来看，现在通过利用这种蓄热方式，把原本应该在白天发生的电力负荷过大的情况转移到夜间，以达到每天电力负荷平均化的最大目的。这样的缴费体系缴纳的电费是原来白天电费的三分之一。

用冷水蓄热的方法叫做水蓄热。1kg的冷水利用5℃的温差便可以产生21kg/kJ的电力。1kg的冰在到达0℃时能产生334kg/kJ的电力，水温继续用到12℃时便会产生384kg/kJ的电力。这与利用水相比得到了约18倍的温差电量。因为冰比水蓄热时所需的体积要少，这种冰蓄热的方式在需要获得温度低的冷水时被广泛应用。

除了用冷水或冰来蓄热以外，还有利用化学药品的变化（固体到液体，液体到气体或反之利用物质状态变化）产生的潜在热量来蓄热的方式。在冬天里利用加热泵收集大气、河流、太阳的热量利用温水蓄热，又或者通过给碎石加热来供暖和蓄热。

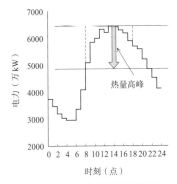

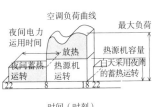

盛夏某一天的电力负荷变动图

蓄热空气调节机系统的运转事例

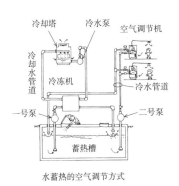

水蓄热的空气调节方式

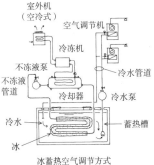

冰蓄热空气调节方式

以水蓄积的冷热量：温度差5℃时为21kJ/kg<融化以冰蓄积的冷热量到
12℃为止时为384kJ/kg

蓄热空调方式

2-07 什么是煤气空调

电能几乎是空气调节设备运作的主要能源。但自日本1965年前后能源多样化以来，城市煤气也作为空气调节设备的新能源被广泛使用。

城市煤气自古以来就作为燃料并用于煤气炉之类的供暖设备，但近年来不仅在供暖方面，它也被灵活的运用到制冷上，被称作"煤气空调"。

"煤气空调"作为空调用热源机，把城市煤气用于吸收式制冷机的加热源上，通过溴化锂吸收式冷温水机，把再生器里的稀溶液加热，为了使作为冷媒的水蒸发，直接燃烧城市煤气来加热，而非蒸汽和水。使用上述冷媒并用蒸发器把7℃左右的冷水用于制冷，在冬天里此设备当做锅炉使用，抽出温水用于供暖。对于吸收式低温水机来说，把冷水和温水一起抽出的话，可以做到同时制冷和供暖，这样的机种也是存在的。

空气调节的方式由空气调节装置和风机盘管机组成，除此之外其他的调节方式也都大同小异。

再者，随着配备有城市煤气作为供热源的吸收式冷温水机，冷却塔，泵等一体化构造的装置和室内风机盘管机组相组合的系统在中小高层建筑的使用，"煤气空调"这个叫法也广泛使用起来。

也可把煤气吸收式冷温水机的冷水侧回路用冷媒代替水封住，通过蒸发器让冷媒凝结，使冷媒靠自身的重量在室内机里被循环利用来制冷。或者用蒸发器让冷媒液体蒸发，再把冷媒气体送到室内机用于供暖。除此之外还有冷媒自然循环的模式。

利用城市煤气的空气调节技术，还有把电力和热能同时抽取的煤气集中供热系统（请参照图7-05），其中利用吸收式冷温水机的热源来散热的方式叫做"通用式"，还存在通过燃气机来驱动加热泵，利用燃气机的冷却水和气体散出的热量来供暖的燃气机加热泵系统，等等。包括空气调节在内的城市煤气多样化利用，我们正在进入一个把节省能源和防止全球变暖作为重要一环的新时代。

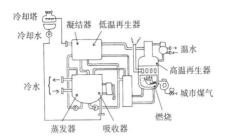

冷却塔　凝结器　低温再生器
冷却水
温水
高温再生器
城市煤气
冷水
燃烧
蒸发器　吸收器

煤气吸收冷热水器

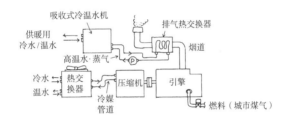

吸收式冷温水机
排气热交换器
供暖用
冷水/温水
烟道
高温水·蒸气
冷水
热交换器
压缩机
引擎
温水
冷媒管道
燃料（城市煤气）

煤气引擎的冷热空调

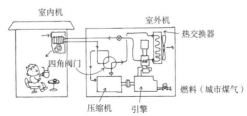

室内机
室外机
热交换器
四角阀门
燃料（城市煤气）
压缩机　引擎

煤气引擎热泵空调机

2

空气调节设备

2-08 空调的空气调节作用

在居民区和大规模的建筑物里，经常使用空气调节机和热源供应机器组合的一体化装置。在这种情况下使用的空气调节机叫做室内空气调节机（简称室内空调）或柜式空调。

室内空调最初是只具有制冷效果的"室内冷气"。之后因为增加了供暖功能后可冷暖兼备而被称作"室内空调"。

室内空调一般由室内机和室外机组成。室内机是由送风机、空气热交换器（coil）以及简单的空气过滤器构成的小型空气调节机。室外机是由冷冻式压缩机和凝结蒸发兼用的热交换器组成，并装置有送风机。夏天室外机把液体状冷媒输送到室内机并使其蒸发，从而使室内温度降低。冬天把温度较高的气体状冷媒送到室内机，利用其凝结放出的热来给室内空气加温。室外机的功能便是，把夏天高温的冷媒气体凝结后放出的热量排出室外，冬天把低温的液体状冷媒从空气中吸收的热量收集起来用于供暖。（冷冻机的详图请参照5-03）

在小规模公司或咖啡馆、游乐场等地方经常使用柜式空气调节机。其柜机里的冷冻式压缩机和凝结器以及蒸发器、送风机、包括空气过滤机都是用来制冷的。

以前冷冻机都是冷水式的，把凝结后发出的热量通过冷却塔排出去。现在以使用直接排到空气中的"空冷式"为主。在冬天普遍把冷冻机作为空气热源的加热泵，来吸收空气中的热量用于供暖。

上面提到的室内空气调节机或者柜式空气调节机都是由室内机和室外机1：1组合在一起使用的。如今以中小型建筑物为主，在冬天里经常把一台由冷冻式压缩机（空气热源的加热泵）、凝结、蒸发机组成的室外机和多数室内机结合使用。

由于在冬天早晚都有必要在室内附加上加湿器功能，很多空气调节器会增加加湿这一功能选项。

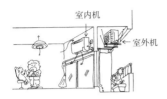

室内机
室外机

室内空调的空气调节

Cafe

机箱式空调的空气调节

2

空气调节设备

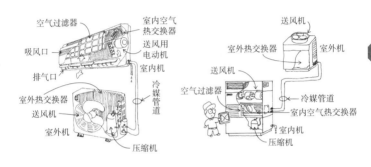

空气过滤器
室内空气热交换器
吸风口
送风用电动机
排气口
室内机
室外热交换器
冷媒管道
送风机
室外机
压缩机

室内空调

送风机
室外热交换器
室外机
送风机
空气过滤器
冷媒管道
室内空气热交换器
室内机
压缩机

机箱型空调

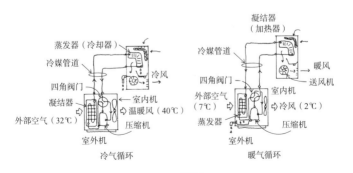

蒸发器（冷却器）
冷媒管道
冷风
四角阀门
室内机
凝结器
温暖风（40℃）
外部空气（32℃）
压缩机
室外机

冷气循环

凝结器（加热器）
冷媒管道
暖风
四角阀门
送风机
外部空气（7℃）
室内机
冷风（2℃）
蒸发器
压缩机
室外机

暖气循环

热泵

2-09 室内空气流动

空气调节设备和换气设备的送风口和换气、排气口都装在室内的墙上或吊顶等地方。

送风口的形状是长方形的，而且有很多种类。比如把能够改变空气流向和风量的羽毛装在很多平行（或网格状）的散热护栏或调风器上；把圆锥形切割成几个重叠的同心圆状装在顶棚上的风速计；把顶棚的开口处装上水平挡板的平底锅式送风口；以及用圆筒状把空气喷射出来的喷射型。

从送风口吹出的空气流叫做喷流或喷气。这和喷雾器的原理相同，使空气以非常快的速度吹进室内并与周围的空气汇合，然后风速慢慢减弱并在室内扩散。利用送进来的空气和室内空气混合从而使室内的人周围的空气湿度、风速、清洁度保持在一个应有的健康数值—这就是所谓的空气调节。因为在使用冷气时，吹出来的空气要比周围空气的密度大和重，因此会慢慢在室内空气中下沉，使用暖气的情况则与之相反。在配置送风口以及决定送风方向的时候，确保这样的气流是否真的流动到居住区域是十分重要的工作。

以住宅和公司等室内人员作为对象时，气流以每秒0.3m左右的速度到达人体是最为合适的，因此送出气流的风速有必要提高到这个程度。

在公司里，吸气口采用羽毛格子形状的比较多，其周边的吸入气流一旦离开吸入口风速便会急剧下降，但这不会对室内的空气流动产生多大的影响。这种情况跟厨房顶棚上装的排气风斗吸入周围气流的原理是一样的，如果住宅里厨房的炉灶和排气风斗距离的太远的话，炉灶所产生的带有气味或烟尘的气体有时就难以排出去。

如果我们能够了解送出气流和吸入气流的性质，就会知道在有空气调节装置的室内，送风口和进风口的位置关系对室内空气的流动和温度湿度的分布并没有多大影响。

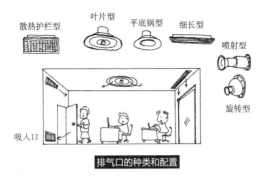

散热护栏型　叶片型　平底锅型　细长型　喷射型　旋转型

吸入口

排气口的种类和配置

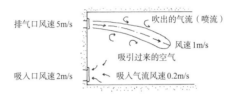

排气口风速5m/s

吹出的气流（喷流）

风速1m/s

吸引过来的空气

吸入口风速2m/s

吸入气流风速0.2m/s

室内排出的气流和吸入气流

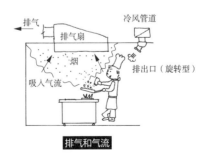

排气

冷风管道

排气扇

烟

排出口（旋转型）

吸入气流

排气和气流

2

空气调节设备

2-10 供暖设施的种类与结构

住宅中使用的电取暖炉、煤气取暖炉，以及传统的被炉、火盆等冬期供暖设施称为"独立式供暖设施"。

与此相应，在办公建筑等机房中设置锅炉，锅炉通过管道为室内的散热器提供蒸汽和热水，这种供暖设施是"直接供暖设施"，前者称为"蒸汽供暖设施"，后者则称为"热水供暖设施"。

另外，与"直接供暖设施"相对的是"间接供暖设施"，这种设施的原理是在工厂中用热风炉等机械燃烧燃气或燃油产生高温空气，再将高温空气送向室内。

以上几种供暖设施只能把室内温度保持在设定值，却无法调节湿度，空气的流动及清洁度等，因此它们只能称作供暖设施，而不能叫空气调节设施。

蒸汽供暖和热水供暖的原理是将对流散热器及护壁板加热器安装在室内外墙一侧窗下，通过这两种暖气装置输送热水及蒸汽，同时以自然对流的方式吸入室内空气。被吸入的室内空气经加热之后会被再次送入室内。散热器中的热水散热之后温度会下降，蒸汽则会凝结为液态水，这些水通过回水管流回锅炉，再次加热为高温水或蒸汽后送回散热器。散热器70%多的热量通过对流形式散出，所以这两种设施也可称为对流供暖设施。另外，还有一种辐射式供暖设施，它是通过对地板或顶棚全面加热，使其表面温度升高，人体能够直接感受从地板或顶棚表面辐射出的热量。

除此之外，供暖设施中还有风机对流器和风机盘管机组。风机盘管机组的原理是在对流散热器的机壳中装入横流风机等装置，通过横流风机进行室内空气循环的供暖设施。工厂等场所中会使用供暖机组。供暖机组是把空气加热器和送风机装入机箱的一体化装置，所以通常安装在顶棚的吊顶里。

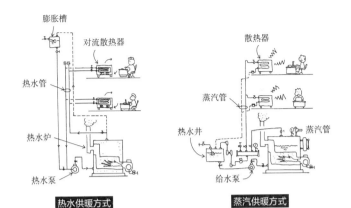

膨胀槽
对流散热器
热水管
热水炉
热水泵

热水供暖方式

散热器
蒸汽管
热水井
蒸汽管
给水泵

蒸汽供暖方式

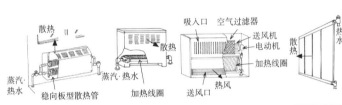

散热
蒸汽·热水
稳向板型散热管

护壁板加热器

散热
蒸汽·热水
加热线圈

对流散热器

吸入口　空气过滤器
送风机
电动机
加热线圈
热风
送风口

风机对流器

散热
热水

板式加热器

热风
送风口
燃烧器
烟道
送风机

热风取暖器

风扇
蒸汽·热水
加热线圈
热风送风口

组合取暖器

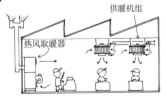

供暖机组
热风取暖器

工厂暖气案例

空气调节设备 2

2-11 利用辐射热的供暖制冷设备

人体散发的热量，不仅会随活动状态的变化而变化，也会受周围的气温、湿度及身边的墙壁、地板、顶棚的表面温度的影响。寒冷的冬天里，如果坐在大的玻璃窗边，即使室内温度很高我们也会感到冷。这是因为通过人体辐射的热量被温度较低的外界环境直接吸收了。

（由于温度不同）人体和周围环境之间会交换热量，这种现象被称为传热。以此为原理，将地板和顶棚的温度升高，利用其辐射向人体提供热量的设施是辐射供暖设施。

地板供暖是辐射供暖中的一种，这是一种即便室内温度很低也能直接给人体供热的舒适的供暖设施，其多用于住宅、幼儿园、老人疗养设施及顶棚较高的大厅等。其原理是通过埋在地板中的管道输送热水及蒸汽来供暖，或用埋在地板中的电热丝来供暖。简易点的设施则使用内含有电热丝的地毯来加热地板。这种供暖方式可以做到古语中的"头寒暖足"。不过，由于是从脚底供暖，所以地板表面的温度不能超过32℃。

还有一种制冷方法，即通过埋好的管道输送低温水来降低地板表面温度，从而吸收人体的辐射热。但由于地板温度大幅下降时人体会感觉不适，而且地板表面会凝结出水珠，使得地板表面温度最低也要达到23℃，很多情况下带来的制冷负荷使冷气设备无法承受。

用以上方法加热或冷却的地板、墙壁、顶棚等被称为"辐射板"，因此，辐射供暖也可被称为"辐射板供暖"。

在顶棚较高的厂房以及体育场馆等空间中会使用钢制辐射板以加热或制冷（体育场馆中会进行羽毛球、乒乓球等较小较轻的球类运动，因此要避免空气流动影响）。辐射板安于墙壁或顶棚上，板中输送100～200℃的热水或蒸汽时，其表面温度会超过100℃，所以这种供暖方式叫做"高温辐射供暖"。

除此之外，辐射供暖中还有一种红外线供暖，即通过天然气燃烧器直接加热陶瓷板或利用红外线灯泡使陶瓷板表面达到800～1000℃以上的高温，并将辐射出的红外线用于供暖。这种供暖方式多用于气候寒冷地区的百货商店及酒店入口处。

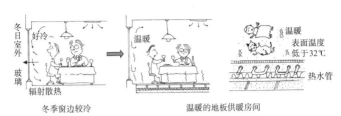

冬季窗边较冷　　　　　温暖的地板供暖房间

地板供暖设施

使用辐射嵌板的工厂取暖实例

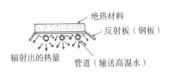

高温辐射板

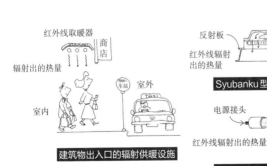

建筑物出入口的辐射供暖设施

Syubanku 型红外线辐射取暖器

电源接头　　　镍铬合金线（加热）

红外线辐射出的热量　　　石英管

取暖器用红外线灯（石英管型）

2 空气调节设备

2-12 空气调节设备的自动运转

空气调节装置旨在把室内的温度及湿度稳定地保持在设定值。但由于空气调节设备包括空气调节器、冷冻机、锅炉等多种机器，操作员无法手动调整机器的运作状态以保持设定值，所以我们需要依靠自动控制运作系统来控制空气调节设备。

出入正在进行空气调节的房间会产生热负荷，同时，室内本身也会产生热负荷。热负荷会随着天气的变化以及室内人员的进出而不断改变。

针对热负荷的变动导致的室内状态的变化（空气调节装置可以进行调节），比如使用空调时，安装在室内的恒温器可以测定室内温度，测定值偏离设定值时可以调整输送给空调空气冷却器的冷水量以及室内的送风量，从而把室温保持在设定值。暖气设备也是如此，通过调整输送给空气加热器的热水量及蒸汽量来调节温度。调节时，使用各种传感器或电子控制装置，即使是细微到 ±0.01℃ 的自动控制都可以实现。

由于空气调节设备承受的热负荷会发生改变，冷冻机或锅炉等热源机器及其附带泵等的容量控制运行系统就显得非常必要了。容量控制运行系统也是通过自动控制进行的，例如在锅炉中，这一系统控制对燃料的供给量。另外，以上这些机器运转起止的控制也都是自动进行的。

除温度之外，自动控制系统也会检测并调节室内空气的湿度、PMV值（预计平均热感觉指数、见1-11）、二氧化碳浓度等。

现在很多的建筑物中，不仅空气调节设备，甚至给水排水卫生设备和电气设备也都被纳入自动控制运作系统，而且监控机器运转状态及室内温湿度状态的中央监控设备也日渐普遍。中央监控装置通过电脑实施监控，由于其既可以保持建筑物内部各设备的正常运转状态，又可以控制机器使其最大限度实现节能运转，所以又名"BEMS（建筑物能源管理系统）""FMS（设备管理系统）"。另外由于这种装置也包括防灾、防盗管理功能，所以也被称为"综合化BAS（建筑物自动化系统）"。

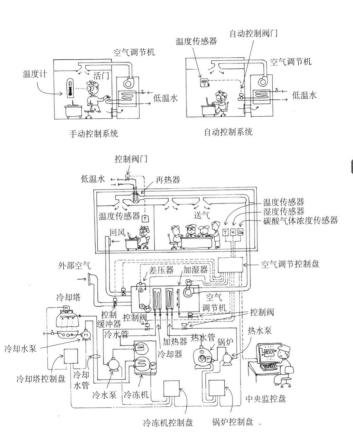

温度计 **活门** 空气调节机 **低温水** 手动控制系统

温度传感器 自动控制阀门 空气调节机 低温水 自动控制系统

控制阀门
低温水 再热器
温度传感器 送气 温度传感器 湿度传感器 碳酸气体浓度传感器
回风
外部气 空气调节控制盘
差压器 加湿器
冷却塔 空气调节机
控制缓冲器 控制阀 控制阀 热水泵
冷却水泵 冷水管 加热器 热水管 锅炉
冷却塔控制盘 冷却水管 冷冻机 中央监控盘
冷冻机控制盘 锅炉控制盘

空气调节设备的自动控制

2

空气调节设备

2-13 排烟防烟系统

建筑物中有许多可燃物，火灾发生时，这些可燃物经过高温分解会产生有毒气体，使空气中的氧浓度降低，如果火苗窜到衣服上，甚至可能危及人们的性命。

如果发生火灾的房间中充满浓烟，室内的人可能会看不到逃生通道。随着一氧化碳和二氧化碳等有毒气体浓度的升高，发生中毒以及窒息的可能性也会增加。

如果能避免浓烟在室内下沉，以及烟雾从起火房间蔓延、扩散、下沉，就可以使室内的人辨认逃生通道，从而安全迅速地逃生。这种为了排烟而设置的设备就是排烟设备。

建筑基准法和消防法都规定了哪些建筑物必须要安装排烟设备，但是建筑基准法的重点是为了确保人们有安全的逃生路线，而消防法则将重点放在保证消防队进行消防活动时的据点不受烟雾的影响。

排烟的方法有两种，即"自然排烟"与"机械排烟"。

自然排烟是利用烟雾与外界空气的温度差产生的浮力通过房间上方的墙壁及通向外部的窗户或排烟口向外排烟的，此种方法适用于规模较小的建筑物。

机械排烟是使用排烟机强制排烟的方法，需要用到排烟机，排烟管道及排烟口。为确保排烟时不会因温度的急剧上升而膨胀、变形、脱落，排烟设备的各部分都有严格的生产制造标准。在吸入高达560℃的空气时，排烟机必须能够运转30min以上。为防止遇热变形，用来制作排烟管道及排烟口的钢板也要厚于一般管道所用的钢板。

安装排烟设备的目的之一就是要在火灾发生时防止浓烟蔓延至建筑物的其他区域。为了使这一功能可以更有效地发挥，在设计时需要避免每一套排烟设备的负责范围过大，因此将每套设备的负责区域定为500m²以内，像剧场的观众席及舞台这样有不同用途的部分则要划入不同区域，从而做到有系统地分担。这种分区称为"防烟隔离室"。如果一个房间分有若干防烟隔离室，吊顶上会砌有防火墙。

烟

着火了

自然排烟口

通过开放装置打开

自然排烟系统

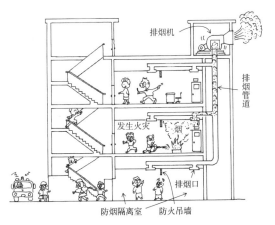

排烟机

排烟管道

发生火灾　烟

排烟口

防烟隔离室　防火吊墙

机械排烟系统

3-01 给水排水卫生设备的历史

在埃及、美索不达米亚、摩亨约·达罗、克里特岛等地的城市古建筑遗址中还遗留着井、供水管、冲水式厕所、浴室、浴缸、大沐浴场、排水沟、排水管的痕迹。到了希腊罗马时代，出现了长距离自来水管道、公共澡堂、下水道等设施。

15世纪到18世纪，在罗马开始使用便盆，并把里面的脏物从窗户倒到街上。这些脏物流淌在中间的水沟里，很不卫生。

大约在公元500～600年，日本已经出现了南方式厕所和冲水式厕所。1583年，大阪的背部开裂式下水道建成，1590年神田上水道相继建成。1653年，玉川水渠完工，它先是通过地下水渠把水运到市中心，然后通过木管流入井中。

1829年，伦敦的首个水道公司修建了使用木管供水的正规的上水道，而日本在1887年修建了横滨水道。1887年在英国伦敦首次建成了正规的下水道，日本的下水道在1925年首次建于东京。1918年日本配置了标准规格的单独处理污水的净水槽。在19世纪末20世纪初，欧洲研究出了各种防臭阀，以防止不经处理流入河中的污水臭味通过排水管进入到室内。

在明治初期，外国人将其居留地租房内的厕所、浴室进行了西式改造，自此日本开始了给水排水设备的建设。1918年出现了利用蒸汽的中央式供给热水设备。1922年左右，大楼内实现了用电动泵供水。1938年正规的美国式给水排水卫生设备开始在日比谷第一生命馆施工。虽然1945～1948年主要以驻留军设施的建设为主，但1955年时日本的住宅小区已经开始使用西式大马桶。以20世纪60年代以后的枯水危机为契机，日本开始进行节水器具开发、排水再利用和雨水利用。

在住宅的热水供给方面，煤气浴池首先于1910年得到开发。之后在1973年石油危机时太阳能热水器开始得到使用。最近使用热泵和煤气余热系统来提供热水。1975年发明了温水制造机作为工作场所使用的热水热源机。

海

南方式厕所

厨房　厕所

冲水式厕所（高野山的厕所）

背部开裂式下水道

罗马时代的
冲水式厕所

18世纪左右的
坐式厕所

等等

小心水

把马桶的东西
从窗口倒出来

从19世纪开始使用下水道

厕所（河上式）

把导水管箱
拿过来

WC

是，
现在就来

平安时代

舀出来作肥料

缸

江户时代

给水排水卫生设备的历史变迁

3-02 各种给水排水卫生设备

生活中使用的水一般为管道水。排水卫生设备中的供水设备作为媒介把水运往需水处。由于大城市人口密集，会出现供水不足的情况。因此城市大型建筑里，对废水和雨水进行回收处理后用于冲洗厕所等（饮用除外）。

由包括温水制造机，带加热线的热水储存槽，煤气热水供应器等热源机器在内的热水供给设备向需要的地方提供热水。

在大厦、住宅、宾馆等建筑物中，水和热水由卫生器具设备来提供。

使用后的废水除通过给排水通气设备流放到公共下水道中外，还可通过净水槽处理后，排到雨水路和河川内（在没有配备公共下水道的地区）。

在热源机器和加热调理用机器中，温水制造机和煤气热水供应器等设备需要使用煤气设备提供的煤气作为燃料来进行运作。

使用给水排水卫生设备时有几点很重要。首先，把可饮用或可直接接触的水作为水源，提供适合饮用的水。其次，防止饮用水因废水逆流而受到污染。最后，防止废水臭气和害虫通过排水管侵入室内。

虽然建筑物根据其用途而有所区别，但配备的给水排水卫生设备中，应至少包括供水设备、热水供给设备、卫生器具设备、排水通气设备、煤气设备和根据需要所配备的净水槽设备。建筑物的规模大到一定程度时，要根据《消防法》配备消防设备。除此之外，根据建筑物的不同用处而设置不同的设施，如厨房设备、污物碾碎机排水处理设备、洗涤设备、游泳池设备、浴场设备医疗以及特殊配管设备、真空打扫设备、垃圾搬运设备、喷水等水景设施、物体搬运设备、企业系排水处理设备、放射性排水处理设备等。

建筑物中的给水排水卫生设备，根据所配备设施的不同，除了《建筑基准法》外，还要受到《水道法》《下水道法》《煤气事业法》《关于液化石油煤气的安全保障和交易合理化法》《净化槽法》《劳动安全卫生法》等法律条例的制约。

除此之外，总面积超过3000m² （根据《学校教育法》规定学校为8000m²）时，建筑物的维持管理要遵守《建筑物卫生法》。

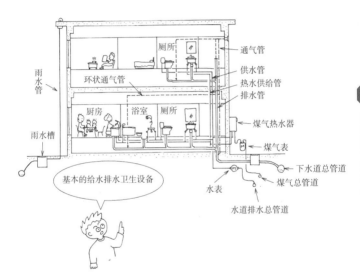

雨水管

环状通气管

厨房　浴室　厕所

雨水槽

厕所

通气管

供水管

热水供给管

排水管

煤气热水器

煤气表

下水道总管道

水表

煤气总管道

水道排水总管道

基本的给水排水卫生设备

3

给水排水卫生设备

给水排水卫生设备的概要

3-03 供水设备的种类和构造

我们日常生活中主要使用水道水，但在没有修建上水道的地方会选择用其他来代替，如井水等。在1955年由于在大中型城市内出现了供水不足的现象，大规模的建筑物内，在节水的宗旨下开始设置杂用水供水设备，这一设备把排水的再利用水和雨水作为杂用水，用于冲洗厕所等场合。这种情况下，也会配有排水处理设备和雨水处理设备。

供水的方式有很多种，如利用水道管压力的直接利用水道方式（即先用水泵把储存到储水池中的水道水送到高置水槽中，再从高置水槽中利用重力供水）和水泵直接输送方式（利用水泵从受水槽中直接向水栓供水）等。以前还有压力水槽等方式，用水泵把水从受水槽送到压力水槽中，压缩压力水槽中的空气，加强压力后供水，但最近这种方式基本上不再被采用。近年来，受水槽内部容易受污染而被取代，与此同时为了尽可能地利用水道总管的压力，开始采用把水泵直接与水道引入管连接的直接利用水道增压供水方式。

虽然市面贩卖的净水器可以提供新鲜干净的水，但人们并不会在每个水栓上都安装净水器。在建筑内的机械室和屋外会设有优质水供给装置，用配管向建筑内的热水房和厨房等必要场所提供优质水。

普通的水栓需要30kPa的水压，大便器的清洗阀需要70kPa的水压，普通的淋浴根据款式不同则需要0~100kPa不等，特殊的淋浴有的需要350kPa。

一般供水管的水会有一定压力，修理供水管时需要把里面的水排出，这时供水管内部会产生负压。和散水栓相连的软管浸到水桶中或淋浴头浸到浴池的水中时，如果不关紧水栓的话，水桶和浴池中的水会被吸到供水管中，从而污染了水。这种现象叫做逆虹吸管现象，我们用水时要注意避免这种情况发生。

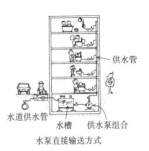

供水管

水道供水管　　水槽　　供水泵组合

水泵直接输送方式

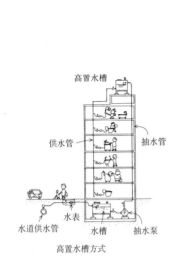

高置水槽

供水管　　　　抽水管

水道供水管　　水表　　水槽　　抽水泵

高置水槽方式

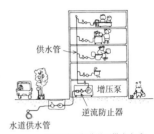

供水管

增压泵

水道供水管　　逆流防止器

直接利用水道增压供水方式

供水方式

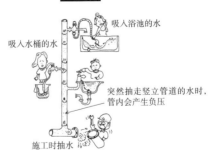

吸入浴池的水

吸入水桶的水

突然抽走竖立管道的水时，管内会产生负压

施工时抽水

污染上水道水的逆虹吸管现象

3

给水排水卫生设备

3-04 供给热水设备的种类和构造

如今供给热水设备得到普及，只要打开热水栓就能得到热水。

以前住宅里的洗澡水要用加热锅炉煮，热水则用水壶煮。在这之后洗澡水用带淋浴的加热锅炉煮，用小烧水壶向厨房洗物槽供给热水。后来开始使用热水器在洗澡时不间断供水，利用晚上廉价电力的电热水器也在很早之前就开始使用。

在一般的办公室里，大多会在洗漱台下面安装电温水器。但像医院和饭店这种使用热水较多的地方会采用中央式，在机械室等地安装热源器，使用循环配管供给使用热水处。选用热源器时，在产生蒸汽的情况下使用带加热线的热水储存槽，不产生蒸汽的情况下使用温水制造机。

即使是集中住宅区，有时也会使用住栋中央式。住栋中央式设有返热水管和热水循环泵，里面常年备有热水以便打开热水栓时就可使用。但由于在循环配管中循环的热水是固定的，当热水温度低时，便会繁殖细菌。

当军团菌繁殖后，在淋浴时会吸入含细菌的热水的悬浮尘粒，患上一种叫"军团病"的肺炎。中央循环方式的热水供应设备设置的温度，从加热装置流出时为60℃，经过循环冷却后回到加热装置时为55℃，这既防止了军团病的发生，又避免了因水温过高而造成灼伤。

可以产生蒸汽的建筑物内，加热装置的热源为蒸汽。其他建筑物内使用煤气，电和灯油等。配备利用太阳能的供给热水设备的场合增多，多以家用太阳能热水器为主。利用余热，回收利用冷气设备排热、排放废水和下水道水热量、河川水热量进行热水供应的情况也不断增多。

最近，利用热泵供给热水系统及利用燃料电池、煤气能源的余热系统的供给热水系统也开始被采用。

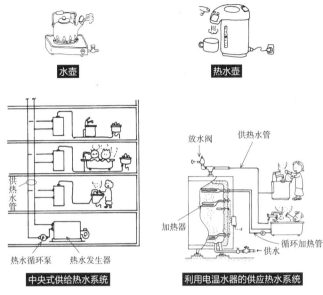

水壶

热水壶

供热水管

中央式供给热水系统

供热水管
热水循环泵　热水发生器

放水阀
加热器
循环加热管
供水

利用电温水器的供应热水系统

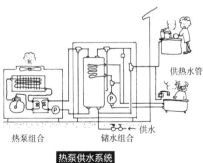

热泵组合　储水组合

供热水管
供水

热泵供水系统

3

给水排水卫生设备

3-05 卫生器具设备的种类和构造

我们在用冷、热水时使用的器具称作卫生器具。卫生器具包括：洗手盆、洗脸盆、浴池、厨房水槽、大便器、小便器等各种各样的盛水容器，供水阀、冷热水混合水阀、淋浴、便器净化阀、净化座圈，含有存水弯的排水五金器具、地板排水口等供给冷热水的工具，排废水的排水器具，以及镜子、梳妆台、皂盒、纸抽等用冷热水时会使用到的附属品。

接触水的容器要求表面平滑、清洁，吸水性小，无毒无害。

外形简单的容器，如FRP、铸铁搪瓷、钢板搪瓷的浴池，不锈钢铁质厨房水槽或浴池等，其材质都不是陶瓷。然而，一般的洗手盆，洗脸盆，便器这样形状、构造复杂的器具都选用陶瓷材质，这些陶瓷制品称作卫生陶器。

这类卫生器具的设计也根据节水和便利性的要求的不同而变化。在节水方面，开发出了节水楔，打开它的水龙头，只流出相当于普通水阀一半的水量；以前，冲一次大便器需要12～16L的水才能冲洗干净，而现在只需6～13L的水。另外，还开发出了持续按压把手仅出一次水的节水型净化阀，以及，在上厕所时能播放流水声音的拟声装置。以前，小便器在24h内每隔5min就自动冲洗一次，而现在改换了配置，采用感应人体的方法自动冲洗。

生活的便利性引起了厨房卫生器具的变化，例如，厨房水槽的单独控制杆式水龙头、感应人手的自动水阀，以及感应人手的冷热混合水的水阀、洗手液、自动干手器、各类淋浴喷头等器具。此外，施行了有助于促进老年人、残障人士等方便活动的相关法律(也称做《无障碍设施法》)，制定关怀老年人、残障人士的设计方针"JIS"，设定老年人、残障人士关于卫生器具设备的应对基准。另外，在一些领域也正筹划针对儿童、幼儿的措施。

单一的器具叫做"卫生器具"，复合的器具称做"卫生器具设备"，后者一般叫做用水空间(设备)。

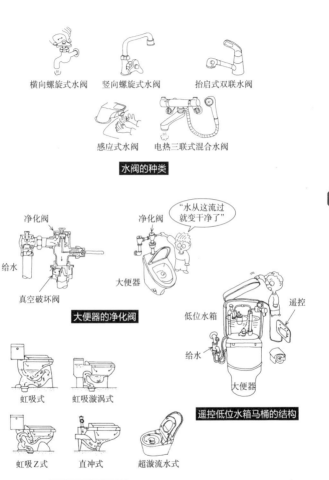

横向螺旋式水阀　　竖向螺旋式水阀　　抬启式双联水阀

感应式水阀　　电热三联式混合水阀

水阀的种类

净化阀

给水

真空破坏阀

大便器的净化阀

净化阀

"水从这流过就变干净了"

大便器

虹吸式　　虹吸漩涡式

虹吸Z式　　直冲式　　超漩流水式

大便器的冲洗方式

遥控

低位水箱

给水

大便器

遥控低位水箱马桶的结构

3

给水排水卫生设备

3-06 排水、通气设备的种类和构成

排水、通气设备是指用过的水从卫生器具流向公共下水道或净化池时所使用到的设备。为了防止污水、净化池的气体和害虫从排水管进入室内，将回水弯设计在卫生器具内部或与器具相连的排水管中。回水弯中储存的部分废水（即"封水"）能防止脏水的气体等侵入室内。回水弯原本是"圈套"的意思，因为能防止气体和虫子的侵入故而叫做回水弯。

排水（废水）流经排水管时，内部的气压会发生变化。竖式管道的顶部作为通气管向大气开放，因此，在没有废水或者废水较少时，竖式管道内的空气在烟囱效果的作用下向上排出。在有大量废水流经时，竖式管道上方的废水向下流动，从而引起空气向下运动，而管道下方的空气在废水的挤压下也向下移动。所以，竖式排水管道的上部形成负压，下部形成正压。为了弥补管道上方的负压，延长竖式排水管的顶端，作为延长顶部的通气管向大气开放，而为了放走下部的正压，在竖式排水管道的底部分叉出竖式通气管，一般将其与伸顶通气管相连。有的住宅小区或宾馆客房的排水管道因为设有特殊接头，就不再采用竖式通风管的方法。

封水是水，所以受周围气压变动的影响有可能被吸入排水管内，也有可能被吹出排水管外。为了防止这种情况的发生，将通气管连接到排水管上，这样大气压就能够导入排水管内。另外，长时间不使用卫生器具，封水就会蒸发。这时候就需要向回水弯内补给封水。

排水可分为污水、杂排水、特殊排水以及雨水。污水是指包括人体排泄物在内的排水；杂排水是指除污水之外的、生活或经营活动所产生的普通排水；特殊排水指不经过处理不能直接排入公共下水道或公共水域的实验排水等。

一般的建筑物不会产生特殊污水，但是，当大量厨房污水流入公共下水道时，会堆积油脂，这时就有必要安装祛除油脂的除害设施（厨房污水处理装置）。油脂冷却、凝固后会堵塞排水的配置管道，所以为了避免这一麻烦的产生，应在厨房中安装阻拦油脂的油脂阻拦器。

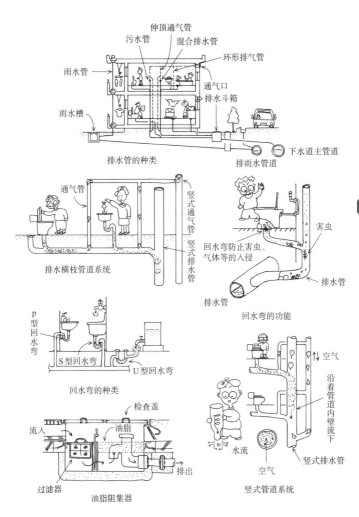

伸顶通气管

污水管

混合排水管

环形排气管

雨水管

通气口

排水斗箱

雨水槽

排水管的种类

下水道主管道

排雨水管道

通气管

竖式通气管·竖式排水管

排水横枝管道系统

害虫

回水弯防止害虫、气体等的入侵

排水管

排水管

回水弯的功能

P型回水弯

S型回水弯

U型回水弯

回水弯的种类

空气

沿着管道内壁流下

竖式排水管

流入

检查盖

油脂

排出

过滤器

油脂阻集器

水流

空气

竖式管道系统

排水、通气设备

3-07 净化槽设备和排水处理设备

建筑物排出的废水不能直接排入公共下水道时，应该经过净化池处理，然后再排入公共用水区域。以前，净化池叫做屎尿净化池，在处理对象人数较少时，可以使用净化污水的单独处理屎尿净化池；如果处理对象人数较多时，就必须使用净化污水和混合排水的合并处理屎尿净化池。而现在，若想将排水排放到公共用水区域，就必须使用合并处理净化池来处理。

处理排水的方法分为三大类，即沉淀、过滤等物理处理方法，凝缩、pH值调节等化学处理方法和微生物分解污垢物质等生物化学处理方法。因为净化池中的好氧微生物能够分解有机物，其主要处理方法分为活性污泥法和生物膜法。其中，活性污泥法是指向污水中排入空气让好氧微生物大量繁殖的方法；生物膜法顾名思义，即使得接触污水的个体表面上的好氧微生物迅速繁殖的方法。生活排水的污浊程度主要用生物化学的氧气需求量（BOD：Biochemical Oxygen Demand的缩写，单位mg/L）来表示。生物化学的氧气需求量是指，好氧微生物在20℃的气温下，5天内分解1L排水有机物的需氧量。

排入合并处理净化池的水量标准是每人每天200L，BOD为200mg/L。净化池的性能用排出水的BOD和BOD除去率〔BOD除去率的计算公式：BOD除去率=（排入水BOD–排出水BOD）×100/排入水BOD〕来表示。排出水的BOD和BOD除去率则取决于净化池的所在地区和处理对象人数。

在3-06中讲过的厨房排水处理就采用了下面的去污方法。在排水中加入凝聚剂后，再向其中注入含有压缩空气的水，当污水中有气泡产生时，油脂类的污物会附着在气泡表面并漂浮在水面上，这种方法称为加压浮上方式；此外还有使用微生物制剂的活性污泥法。

用于净化排水的排水处理设备中，多采用与原料水质相对应的膜分离活性污泥处理和膜分离处理等；用于净化雨水的排水处理设备中，有的只设置沉淀沙石槽的情况，但大多数还是使用微型滤网和过滤装置相结合的方法。

其他特殊排水则要根据水中需要祛除的物质成分进行净化处理。

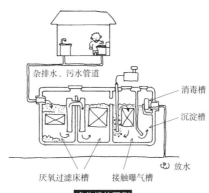

杂排水、污水管道

消毒槽

沉淀槽

厌氧过滤床槽　　接触曝气槽

⚲ 放水

净化槽的图例

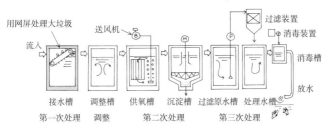

用网屏处理大垃圾

送风机

过滤装置

□ 消毒装置

流入

消毒槽

放水

接水槽　　调整槽　　供氧槽　　沉淀槽　　过滤原水槽　　处理水槽

第一次处理　　调整　　第二次处理　　第三次处理

排水处理流程图

3

给水排水卫生设备

3-08 排水再利用设备和雨水利用设备

干旱、城市人口集中化等因素往往引起水荒。1973～1975年，建立了多处排水再利用的实验设施，从1975年才开始真正设立排水再利用设施。从1964年起，东京三河岛污水处理厂进一步净化污水，处理后排出的水作为工业用水使用。另外，雨水利用一直在孤岛等地区进行，而现在也适用于城市范围，这种方法虽然依赖于天气状况，但在屋顶面积大的建筑物中成效显著。

截至2005年，日本已经建立了约3047所排水再利用和雨水利用的设施，其每年的使用水量大概为1亿5300万m^3，而全国的生活用水只占其中的1%左右。

排水再利用的处理过程中，设置了净化槽，经过处理的净化水更为洁净；而不设置净化槽时，则要按照雨水、冷却塔的排水、杂排水（不包含厨房排水）、厨房排水、污水的顺序进行净化处理。至于再利用的最低限度是哪一种排水则要取决于再利用水的用途和水量平衡。《建筑物卫生法》规定，再利用水用于洒水、景物修饰或者清扫时，其原水不能含有屎尿等排泄物成分。

排水再利用的原水不同，其处理方法也不同。利用雨水时，有时只使用过滤网和沉沙槽，有时也要在这道工序后增加设置过滤装置，最后进行氯消毒。

很多情况下，再利用的生活排水经过好氧性生物化学的净化后，要设置过滤装置和限外过滤装置。在使用洒水时，因为洒水与人体接触的可能性比较大，所以必须通过限外过滤膜来净化处理除菌。细菌的大小为8～400μm，应采用孔径比它们小的细孔膜。总之，不论原水的种类如何最后都必须进行氯消毒。

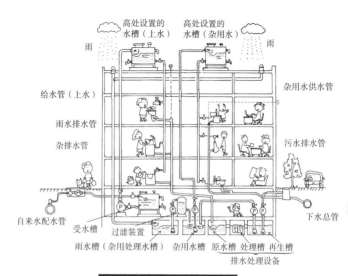

高处设置的水槽（上水）
高处设置的水槽（杂用水）
雨
雨
给水管（上水）
雨水排水管
杂排水管
杂用水供水管
污水排水管
自来水配水管
受水槽
过滤装置
雨水槽（杂用处理水槽）
杂用水槽
原水槽
处理槽
再生槽
排水处理设备
下水总管

排水再利用和雨水利用系统的图例

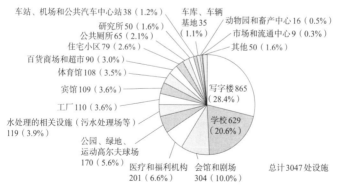

车站、机场和公共汽车中心站38（1.2%）
车库、车辆基地35（1.1%）
研究所50（1.6%）
动物园和畜产中心16（0.5%）
公共厕所65（2.1%）
市场和流通中心9（0.3%）
住宅小区79（2.6%）
其他50（1.6%）
百货商场和超市90（3.0%）
体育馆108（3.5%）
宾馆109（3.6%）
工厂110（3.6%）
水处理的相关设施（污水处理场等）119（3.9%）
公园、绿地、运动高尔夫球场170（5.6%）
医疗和福利机构201（6.6%）
会馆和剧场304（10.0%）
写字楼865（28.4%）
学校629（20.6%）
总计3047处设施

数据来源：日本国土交通省水资源部2005年度调查

各类建筑物的排水再利用和雨水利用设施的数量

3

给水排水卫生设备

3-09 污物碾碎机

污物碾碎机是指安装在厨房洗物槽排水口的装置。它边冲水边碾碎厨房废弃的垃圾，被碾碎的垃圾随水一起经排水管排出。污物碾碎机是1925年美国通用电气公司最先开始制造并销售的。

如图所示，从碾碎机的投入口倒入垃圾，然后冲水，飞轮高速运转，用榔头把垃圾压在粉碎机上，用粉碎机使其研碎，之后含有碎垃圾的水经排水管排出。粉碎机不是用锐利的刀切碎垃圾，而是把它研碎。此外，并不是所有垃圾都可以处理，像大骨头、贝壳等坚硬的东西，还有玉米的芯和皮等纤维性的东西也是无法碾碎的。

因为从污物碾碎机排出的水含有碾碎的垃圾，排入公共下水道会给终端处理厂造成负担，而且排入公共水域会对公共水域造成污染。曾经有从污物碾碎机排出的水流经路旁排水沟，从排水沟中长出土豆的事发生。但是，经过扔垃圾、倒垃圾而产生的垃圾量减少，增强了厨房的卫生性。

对于是否应该使用污物碾碎机，根据国家和地域的不同，存在不该使用、可以使用、必须使用多种看法。

在日本，很多下水道管理者主张不要使用，因为通过此方式排垃圾到公共下水道会给终端处理厂造成负担。但是最近这样的自治体增多。他们认为：污物碾碎机加上配管和粉碎垃圾处理设施的组合，根据废除的建筑基准法旧第38条规定得到建设大臣认可的，而且符合日本下水道协会颁布的《为使下水道畅通的污物碾碎机排水处理系统性能基准（案）》的，下水道管理者认可此装置就可以安装。

在向净化槽排入的过程中，从污物碾碎机排出的水不属于一般净化槽构造基准的对象，在排入净化槽之前，有必要看看是安装处理装置还是安装污物碾碎机排水对应型净化槽。

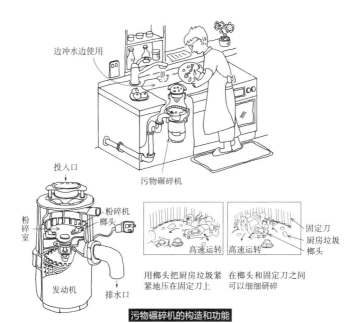

边冲水边使用

投入口

粉碎机椰头

粉碎室

发动机

排水口

污物碾碎机

高速运转

高速运转

固定刀

厨房垃圾

椰头

用椰头把厨房垃圾紧紧地压在固定刀上

在椭头和固定刀之间可以细细研碎

污物碾碎机的构造和功能

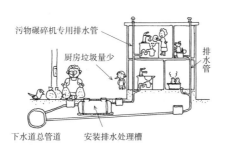

污物碾碎机专用排水管

厨房垃圾量少

排水管

下水道总管道

安装排水处理槽

污物碾碎机排水系统

3

给水排水卫生设备

3-10 垃圾和垃圾处理

2004年全国的生活类加生产类垃圾总排放量共计5059万t，如果用2t的垃圾收集车来装载平均每天可装693000辆，如果假设垃圾的比重为0.3，可以装满136个东京巨蛋。此外，如果换算成每人每天的量，则为1.086kg。

每人每天排出的家庭垃圾约800g，在含水分的湿重量组成当中，厨房垃圾和纸类各占约30%，玻璃、金属等容器包装类废弃物约占24.5%，塑料类约占10%，其他垃圾约占5.5%。

在以前的小建筑物中，人们只是把垃圾扔到垃圾收集场，并没有设置垃圾处理设备。在集中住宅区，人们把分好类的垃圾从垃圾井筒中扔下去，然后通过设置的设备自动把不同种类的垃圾分类送到不同的垃圾收集场。最近，家庭中的生活垃圾通过污物碾碎机（参照3-09）和生活垃圾处理器来处理。

企业垃圾过去多是用焚烧炉来处理的，但是因为焚烧炉焚烧含氯废弃物的过程中产生的废气中含有二噁英，之后还有必要处理排出的气体和焚烧灰，此外已经发明出了运送集中垃圾的设备，因此现在不怎么用这种方式了。

在大型建筑物中，垃圾集中在设置在地下室的垃圾处理室，或是经过挤压被压缩后装在集装箱内排出，或是通过储留压缩机被压缩后，装入卡车运走。

除住宅以外的建筑物中，人们采用各种各样的方法把垃圾运送到垃圾处理室。有的人用粗麻布制的带车轮的小推车把垃圾收集起来然后用电梯运送，有的人把垃圾从垃圾井筒中扔下去，有的用真空管道运送。

从营业性质的厨房产生的垃圾，开始用专业的污物碾碎机来处理。此外，开始实行生活垃圾的肥堆化。在某些地区人们积极实践，用垃圾制成肥料，或者把垃圾和下水处理厂产生的污泥混合在一起制成肥料。

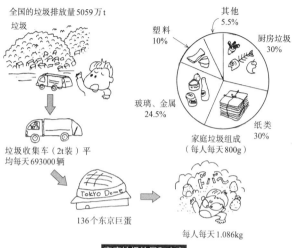

家庭垃圾的量和内容

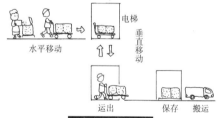

大楼运送垃圾的例子

挤压、集装箱方式

3

给水排水卫生设备

3-11 使用水的灭火设备

灭火设备是基于消防法而设置的设备，大体分为三大类。一是在消防队到达火灾现场进行灭火活动前，该建筑物里提供的消防设备（即初期灭火）；二是消防用水；三是消防队在进行灭火活动时必须要使用的设备（即正式灭火）。

为了消防而提供的水系灭火设备有屋内灭火栓设备、自动洒水灭火装置、水喷雾灭火设备以及泡沫灭火设备。

屋内灭火栓设备是设置在一般建筑物中的灭火设备，人们把软管拉出来，用喷管里喷出来的水浇灭着火的东西。对于一楼、二楼来说，从屋外灭火更容易，因此设有屋外灭火栓设备。

在有不定数的人聚集的大型建筑物中进行灭火活动比较困难，此类建筑物中设有自动洒水灭火装置。自动洒水灭火装置头能够感知火灾热量，进而自动喷水灭火。这种装置头有两种类型：一种是平时关闭，火灾时由于高热量致使保险丝熔化而喷水的封闭型装置头；另一种是没有保险丝，火灾的时候打开开放阀门，多个装置头同时喷水的开放型装置头。一般的室内设有前者，剧场的舞台部里，起火点正上方的装置头有时可能无法感知火灾，因此设置后者那样的装置头。

此外，在屋顶很高的大厅和大型展示厅等建筑物中，设有特殊的装置头和喷水枪。

屋内灭火栓设备和自动洒水灭火装置是以建筑物的一般部位为灭火对象的，如果是由油引发的火灾，即使浇水油也可以在水面上燃烧而导致无法灭火，因此在不适宜用水灭火的停车场等特定场所设有这样的水系灭火设备时，不是用水灭火，而是把水喷成雾状，用水蒸气覆盖燃烧物的水喷雾灭火设备；还有用泡沫覆盖燃烧物的泡沫灭火设备。无论哪一种方法，灭火的原理都是隔绝了氧气的供给。

消防队进行灭火活动时必要的设施有两种。一种是设置在高或大的建筑物中的连接送水管。另一种是以地下为灭火场所的连接洒水设备。无论哪种都是从消防车上接一根软管到送水口进而送水的设备。前者是消防队员把软管接到放水口，后者是像自动洒水灭火装置头一样从洒水头喷水的设备。

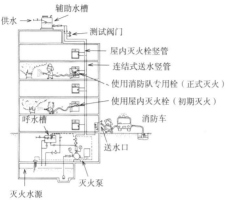

辅助水槽

供水 →

测试阀门

屋内灭火栓竖管

连结式送水竖管

使用消防队专用栓（正式灭火）

使用屋内灭火栓（初期灭火）

呼水槽

消防车

送水口

灭火水源

灭火泵

屋内灭火栓设备

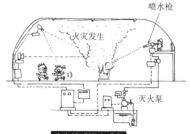

喷水枪

火灾发生

灭火泵

喷水枪式灭火设备

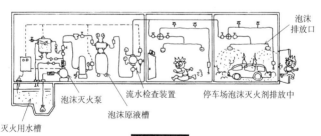

泡沫排放口

泡沫灭火泵

流水检查装置

停车场泡沫灭火剂排放中

灭火用水槽

泡沫原液槽

泡沫灭火设备

3-12 使用煤气的灭火设备

由电引起的火灾如果用水灭火会很危险，由油引起的火灾（在上一章节已叙述过）也无法用水来灭。因此，电力室和小规模的停车场等场所，灭火要使用气体系列灭火设备。这些设备是通过向房间里吹入特殊的气体来降低屋内氧气的浓度，利用灭火剂抑制化学反应的负催化作用来灭火。

气体系列的灭火设备有惰性气体灭火设备、卤素化合物灭火设备和干粉灭火设备三种。

惰性气体灭火设备中的灭火剂使用二氧化碳、氮或是氮和氩等量混合的IG55，或使用52%氮、40%氩、8%二氧化碳混合的IG541。把这些气体吹入室内，通过降低室内氧气的浓度来灭火。如果室内有人将会使其窒息死亡。IG是Inert Gas（惰性气体）的简称。

卤素化合物灭火设备，是把哈龙1301、HFC23（氯三氟甲烷）或HFC227ea（七氟丙烷）等灭火剂喷入室内，通过降低氧气浓度和负催化作用来灭火。哈龙1301不像惰性气体灭火设备那样放出大量的气体，没有使人窒息的危险，因此长时间被人们用于灭火。但是此类灭火剂对臭氧层破坏很大，大约从1992年开始限制其生产量和使用量，1994年停止其生产。HFC是氢氟碳化合物，在灭火时会产生对人体有害的氟化氢。

干粉灭火设备是通过火灾热量产生二氧化碳，并向室内喷放具有负催化作用的粉末。灭火剂中有四种类型的反应物，分别以碳酸氢钠、碳酸氢钾、磷酸盐类以及碳酸氢钾和尿素混合物为主要成分。

这些灭火剂的喷射方式有以下几种。一是向密闭的室内喷放灭火剂的全区域喷射方式；二是对着燃烧的物体直接喷射灭火剂的局部喷射方式；三是像灭火栓一样，人们用软管对着燃烧物喷射灭火剂的移动灭火方式。在移动灭火方式的情况下，惰性气体灭火设备的灭火剂必须是二氧化碳，卤素化合物灭火设备的灭火剂必须是哈龙1301，干粉灭火设备则四种灭火剂都可以使用。

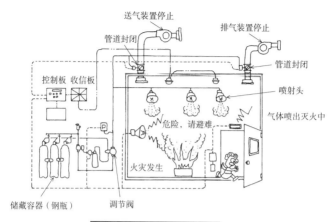

送气装置停止

排气装置停止

管道封闭

管道封闭

控制板　收信板

喷射头

气体喷出灭火中

危险，请避难

火灾发生

储藏容器（钢瓶）

调节阀

全区域喷射式惰性气体灭火设备

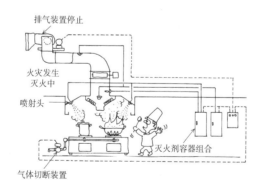

排气装置停止

火灾发生
灭火中

喷射头

灭火剂容器组合

气体切断装置

厨房排油烟机内二氧化碳灭火设备

给水排水卫生设备

3

3-13 城市煤气设备和液化输油气设备

我们在做饭和烧热水时多使用气体燃料，但是气体燃料最初是用在煤气灯里的。

气体燃料有"城市燃气"和"液化石油气（LPG）"，液化石油气有丙烷气和用在打火机里的丁烷气两种，在一般的建筑物里多使用丙烷气作为燃料。

根据"燃气企业法"的规定，城市燃气供应商通过导管向煤气需求者供应燃气。城市燃气大致分为三种——干馏煤所产生的石炭系的气体、石脑油分解和丙烷气等的石油精制气体，以及天然气。气体燃料供应商所供应的就是以上这些气体。因为供应商各有不同，当今的管道煤气有很多种类。但IGF计划，到2010年将会把天然气统一化。气体燃料的高热能性不仅能节约资源，还能提高其使用的安全性防止煤气中毒。如果任何地方的气体燃料都能使用相同的机器，机器的选择会变得广泛，因此气体燃料的高热能性还具有增强供应能力的优点。在很早之前就有一些大型气体燃料公司在供应天然气。

丙烷气中主要成分是丙烷，丙烷气一般是从容器中输送到配管中。容器中和燃气灯中的气体状态相同。温度升高，气体蒸发的量会变多，因此在大量使用气体燃料的地方，通过电热和温水提高容器的温度。以前通过容器的交换，根据质量的多少来买卖和使用气体燃料，最近也与城市燃气相同，按照容积进行买卖使用。

为了防止气体爆炸和一氧化碳中毒，气体燃料设备必须保证不漏气。因此，要使用煤气管道安全阀和电子仪表。在大型建筑物和地下街道中，都设有紧急气体阻断装置、气体阻断装置以及气体泄漏报警设备。

大部分的管道煤气都比空气轻，所以一旦泄漏便会集中在屋内上方，而丙烷气比空气重，泄漏的话，会集中在下面。气体本来是无味的，但为了让人们在其泄漏的时候能够发觉，还给气体增加了气味。

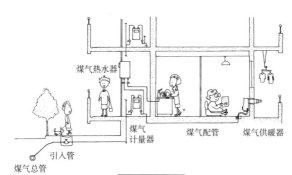

煤气热水器

煤气
计量器

煤气配管　　煤气供暖器

引入管

煤气总管

煤气设备系统图

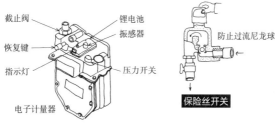

截止阀　　　　　　　锂电池
　　　　　　　　　　振感器
恢复键
　　　　　　　　　　压力开关
指示灯

电子计量器

防止过流尼龙球

保险丝开关

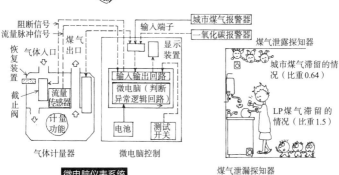

阻断信号　　　　　　　输入端子　　**城市煤气报警器**
流量脉冲信号　　煤气　　　　　　　　一氧化碳报警器
气体入口　煤气　　　　　显示　　　　煤气泄露探知器
恢复　　　出口　　　　　装置
装置
　　　　　　输入输出回路　　　　　　城市煤气滞留的情
截止　　流量　　微电脑（判断　　　　　况（比重0.64）
阀　　　传感器　异常逻辑回路）

计量　　　　　电池　测试　　　　　　LP煤气滞留的
功能　　　　　　　　开关　　　　　　情况（比重1.5）

气体计量器　　　微电脑控制

微电脑仪表系统　　　　煤气泄漏探知器

煤气泄漏探知器的安装位置

3-14 给水排水卫生设备的自动控制

给水排水卫生设备的功能是自动控制各类泵的起动和停止，调节水槽水位以及调节供给热水的热源的温度。

一般人们都使用两个水泵自动交替工作，来达到其使用寿命的平均化。

通过设置在水箱内的导体棒检测我们可以掌握高置水箱的水位，通过电极开关，我们可以控制提水泵的起动与停止。如果向水中通电使水中有电流流过，导体棒就会变成ON-OFF信号。导体棒至少需要4根，一根常在水中，一根让水泵工作，一根让水泵停止工作，还有一根负责水满警报。而且，有时还会设有负责水减少警报和驱动水泵的导体棒。

在水接收罐中，设有防止水泵空转、负责水满警报和水减少警报的导体棒。

当采用直接泵方法和与自来水直接连接增压方法时，水泵、压力水箱，周围的配管及控制盘等会被一体化，控制盘控制水泵的工作。

当需要减少供水压力时，将二级侧的水压导入水阀上部，调节水阀的分叉角度，并使用保持水压稳定的减压阀。

当使用热水储水槽作为中央式热水供给设备的加热装置时，多使用将热敏器插在水箱内的自动温度调节阀来控制蒸汽和高温度的水。但是，有时也会用恒温器和电动阀来控制。温水机内会设有控制装置。

中央式供给热水的循环水泵有时会连续工作，但是为了节省能源，会采用恒温器检测热水回水管的温度来控制水泵的开与关。

排水泵也有两台，平常多交替着工作，当出现异常增水时，两台水泵会并列一起工作。排水泵是根据排水槽内的水位来工作的。由于电极间会有异物缠绕而导致导体棒检测水位时出错，这时便会使用漂浮开关。现在，排水泵多使用水中泵，而漂浮开关就成了水中泵的附属品。除了附属在水泵上的漂浮开关外，在两台水泵一起工作和水满警报时也需要有漂浮开关。

此外，中央监视器会监视和控制各类水泵的工作状态和水槽的水位变化。

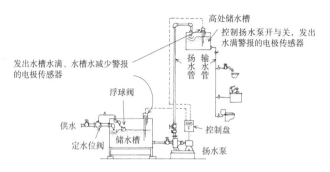

供水设备的控制

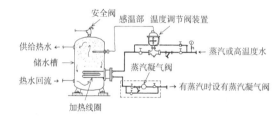

热水存储槽的控制

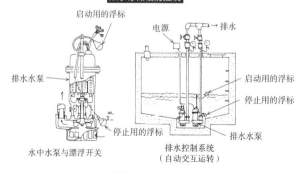

水中水泵与漂浮开关

排水控制系统
（自动交互运转）

排水水泵的控制

3

给水排水卫生设备

4-01 住宅区内的空调设备

20世纪50年代以前,在日本北海道等寒冷地区的住宅一直使用火炉等取暖,其他地区则普遍采用火盆或被炉(日本特有取暖设备,桌子内有热源,外面覆盖毯子)取暖。在炎热的夏天,人们往往整天敞着门窗通风换气,靠洒水、吹电风扇的方式来得到一丝凉意。

进入20世纪60年代,室内冷风空调开始进入市场。最初它只是一种奢侈品,后来渐渐普及,即使是普通住宅也每户一台。

这个时期,室内冷风空调多是将构造简单的空调机和制冷机集中放在一个盒子中,安在窗户上,所以有时也被称作"挂式室内冷气空调"。在此之后,"分离型室内冷风空调"(通常被叫做"分离型")得到广泛采用,这种空调的特点是制冷机部分和空调机部分分开安装,制冷机部分安装在室外,空调机部分则安装在室内。

这种室内冷风空调的制冷机中的冷凝器通过室外空气来冷却,后来人们发现一种新方法。冬天冷凝器被用作蒸发器,通过热泵作用(参照5-03)再度冷却室外空气,并将获得的热量用于室内供暖。由此一来,一台机器既可以用来制冷也可以用来取暖,所以,最近人们渐渐称之为室内空调。

室内空调有冬季无法充分加湿室内空气和除尘效率低等缺点,但最近逐步得到改善,在日本全国范围内得到普及,平均每家每户普及率高达2.6台。

在供暖方面,住宅里也采用中央系统供暖设备,使燃气热水器制造的热水在地板下回流,通过地板来供暖,这种地板辐射供暖的例子渐渐增多。地板辐射供暖作为一种方便安全的供暖方式,深受老人和儿童们的喜爱。

由于在市场上可以直接买到厂家生产的现成的排气罩,厨房等的换气也日渐普及起来。在一些高级住宅区,有时也会以1户为对象安装中央空调设备。

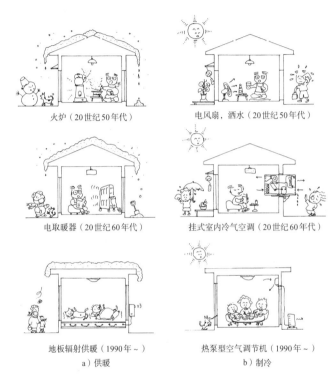

火炉（20世纪50年代）

电风扇，洒水（20世纪50年代）

电取暖器（20世纪60年代）

挂式室内冷气空调（20世纪60年代）

地板辐射供暖（1990年～）

a）供暖

热泵型空气调节机（1990年～）

b）制冷

住宅空调设备的演变史

4

各种建筑物的空气调节与给水排水卫生设备

4-02 住宅的给水排水卫生设备

住宅大致可以分为独户住宅和集中居住住宅两类，但不管哪类，每户家里配备的设备基本上都是一样的。

为了减小水流声音和减少水锤现象的发生，人们有时会使用减压阀以将水压控制在100～200kPa之间。

在众多供给热水方法中，人们多选择局部或整体供给热水的方法，即在每家每户安装燃气热水器和电热水器等热源机器。集中居住住宅也会采用向整栋楼供给热水的住宅中央式供水和向每家每户供给热水的住户中央式供水两种方法。集中居住住宅中热水回水管是必要的，但如果安在每家每户，就难以计算出热水的总使用量，因此，通常情况下不会将热水回水管安在每家每户。

过去，住宅厕所内设有大小便兼用日式便器或日式大便器和小便器，现在则多是西式大便器。在使用平衡壶的时代，多采用单层浴室。现在，随着兼用于供暖的户外型燃气热水器的普及，较多使用的是淋浴和浴池一体化的淋浴式浴池和独立浴池。

为了在修理时无需进入楼下住户家里，多数情况下，集中居住住宅内住户家里的排水配管会安在地板上。不使用通气立管，而是使用在同等高度上能够连接多根支管的特殊接头，现在集中居住住宅多采用此种排水通气方式。

为了公共部分便于检查、修理和更换，集中居住住宅的给水排水卫生设备的配管应尽量安在公共部分。但是，对于供水主立管和燃气主立管，为便于计算用水量，通常在走廊一侧安有管道井筒，其内部有主立管和计量器。而这种做法也存在一个很大的问题，排水主立管多安在住户家里，如果进不去很难修理和更换配管。

关于集中居住住宅内住户的供水、热水供给、排水配管的安置，从供水总管开始向各机器分别配备一根配管的总管安装方法越来越普遍。

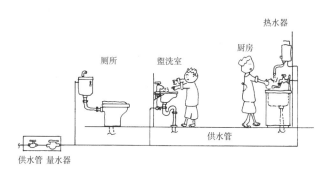

厕所　　盥洗室　　厨房　　热水器

供水管

供水管　量水器

独户住宅的供水、热水供给设备（20世纪80年代）

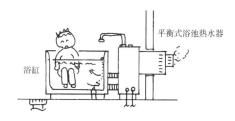

平衡式浴池热水器

浴缸

独户住宅的浴室热水供给设备（20世纪80年代）

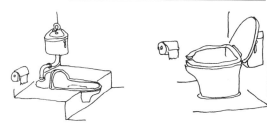

大小便兼用日式便器（20世纪60年代）　　**西式便器（马桶）（20世纪50年代以后）**

4

各种建筑物的空气调节与给水排水卫生设备

4-03 办公楼的空调设备

　　每个办公楼规模和用途千差万别。在规模上，既有总占地面积几百平方米的2～3层建筑，也有总占地面积几十万平方米的高60多层的建筑。在用途上，有公司自用建筑和出租用建筑等。

　　小型建筑广泛采用以下几种空调安装方式：各个房间独立安装室内空气调节器（参考2-08）；每层楼安装一台组合式空调，经由通风道向各个房间送风。

　　近年，在总占地面积高达数千平的建筑中，多联式空调设备由于系统设计和施工相对简单以及适应室内负荷局部变化等优点而被广泛采用。多联式空调设备主要通过几台室外机向多台室内机提供制冷剂来达到空气调节的效果。只是这种空调也有缺点：不能适当控制室外空气引入量以及加湿效果等。

　　在大型建筑中，一般设有主管办公室、普通办公室、会议室、计算机机房等，根据其使用时间和空调负荷浮动情况，将热源设备和空调机设备分开，再依照用途等将空调机进一步分开，像这种中央空调系统也被广泛采用。

　　集中式全空气空调系统，由于其通风道宽、送风强度大，一般将空调设备安装在室内，多采取分担室内负荷的"空气-水循环"方式。随着信息化社会的发展，室内电脑及相关配线也随之增加。为了避免因漏水引发事故，最近，全空气式（参照2-05）空调系统的使用也在不断增加。

　　中央式空调的热源设备一般由锅炉和制冷机组成。中型制冷机冷却装置多是利用往复式压缩机制造冷水，而一些大型制冷机设备则多采用离心式制冷机（使用离心式压缩机）。最近，人们多使用以城市燃气为燃料的吸收式冷热水机，从而实现由一台机器同时供给冷水和热水。另外，在一些大楼林立街，有些热源则是由区域性冷暖气设备提供。

　　另外，出于移峰填谷、平衡电力负荷和节省电费的目的，越来越多的人选择使用水和冰作为蓄热介质。

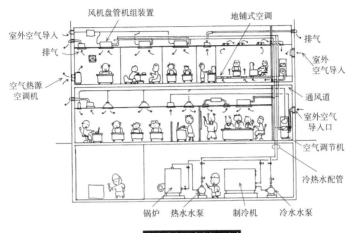

风机盘管机组装置
地铺式空调
室外空气导入
排气
排气
室外空气导入
空气热源空调机
通风道
室外空气导入口
空气调节机
冷热水配管
锅炉　热水水泵　制冷机　冷水水泵

中央式空调（空气-水）

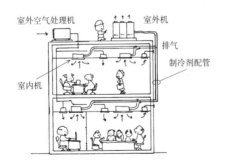

室外空气处理机
室外机
排气
制冷剂配管
室内机

多联式空调设备

4

各种建筑物的空气调节与给水排水卫生设备

4-04 酒店的空调设备

　　每家酒店规模大小不同，其内部构造也千差万别。既有像只有前台和客房那样简单的商务快捷酒店，也有除客房外配有宴会厅、餐厅、游泳池等设施的高档星级酒店。

　　酒店的首要目的是提供住宿服务，所以客房空调设备是基础设施。客房包含卧室、卫生间（浴室）两部分。客房的风机盘管机组一般安在顶棚吊顶或窗户附近，通过向其配送冷热水直接调节室内空气的温度。风机盘管机组的管道设置分为两种：2排管和4排管。前者热水输送管和冷水输送管共用，冬夏两季只能切换使用（夏天只供冷水，冬天只供热水）；后者则同时具备热水输送管和冷水输送管，可以随时随意切换冷暖水供应模式（参照2-05）。另外，风机盘管机组的功能调节方法也很多。其中有一种方法是根据室内恒温装置用控制阀自动调节冷热水量，还有一种方法是将风机盘管机组中鼓风机的运转次数手动设置为三个档。

　　换气的时候，室外空气经中央机房空调机处理后（除除尘功能，夏天冷却、除湿，冬天加热、加湿），由鼓风机吹至客房。用来换气的室外空气先后经由卧室、卫生间（浴室）后被排出，并在通过时进行了浴室换气。

　　前台、宴会厅、餐厅都有各自独立的空调系统，所需空调机安装在中央机房。宴会厅一般需要常年制冷，因此多使用热泵装置，将冬天制冷设备制造的热能用于其他房间供暖。热水经由供暖设备后温度会下降，所以常常被输送回室内装置，作为热泵冷却水循环利用。

　　酒店里的大型餐厅和高级餐厅多选用中央空调，而当酒店里也有很多规模不大的餐厅时则会兼用风机盘管机组。

　　餐厅厨房通过独立的给排气设备进行换气。由于有很多像煤气灶之类的发热负荷大的厨具，很难做到厨房整体的冷气覆盖，所以一般会考虑到厨师等工作人员而进行定点冷气输送。

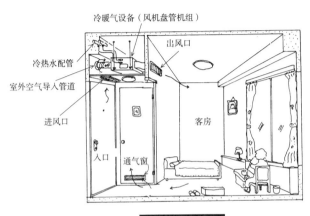

冷暖气设备（风机盘管机组）

出风口

冷热水配管

室外空气导入管道

进风口

客房

入口

通气窗

客房的空气调节系统

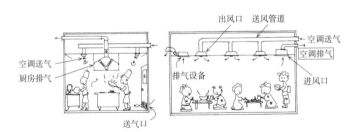

出风口　送风管道

空调送气

空调送气
厨房排气

排气设备

空调排气

进风口

送气口

厨房的空气调节与换气系统　　**宴会厅的空气调节与换气系统**

4

各种建筑物的空气调节与给水排水卫生设备

4-05 酒店的给水排水卫生设施

在酒店，每天都会消耗掉大量的水。

商务酒店，简单来说由客房和餐厅构成。而规模稍大的酒店除了客房之外，还会有租赁用会议室、宴会厅、婚礼礼堂、商店和饭店等设施；更大一些的酒店会另外提供大浴场、游泳池和健身中心等多功能设施。酒店的布件洗涤多采用外包的方式，当然，也备有洗衣机，以应对房客的不定时需求。给水排水的卫生设备，依据其用途进行不同的系统划分。

多数情况下，客房的饮用水和洗澡用水系统的水压会控制在300～400kPa以下，其他系统则控制在400～500kPa以内。有的酒店也会在厨房的冷藏室里装置冷却水设备。

关于供热水设备，大型酒店里，厨房设备和洗衣设备需要用到蒸汽，所以采用以蒸汽为热源的中央循环式供水设备。一些用不到蒸汽的小型酒店，会采用依靠温水供应机（参照5-06）运转的中央循环式供水设备。在酒店里，有时团体旅客会一起使用热水，这时所供热水的温度会降低。

浴室里，多是由浴缸、洁面台、坐便器构成的成套设备。

酒店里的废水温度相对较高，为了节约能源，有通过热泵等设备进行热源回收用于热水预热的情况。

和住宅小区一样，酒店客房系统的排水、通气方式大多使用特殊的排水接口而不需要通气管。

由两个房共客房共用一套的供水排水管道，以管型井筒的方式安装在走廊墙壁内嵌窗里。

厨房所排水中含有大量的油脂，当大型厨房向公共下水道排水时，设有除害设施——厨房排水处理设施。另外，当向净化槽排水时，多数情况下会安装用以做预先处理的厨房排水处理设施。

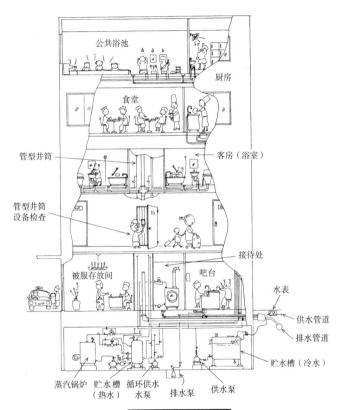

公共浴池

厨房

食堂

管型井筒

客房（浴室）

管型井筒
设备检查

接待处

被服存放间

吧台

水表

供水管道

排水管道

贮水槽（冷水）

蒸汽锅炉　贮水槽　循环供水　排水泵　供水泵
　　　　　（热水）　水泵

酒店的给水排水卫生设备

4

各种建筑物的空气调节与给水排水卫生设备

4-06 无尘室的空调设备

说起工业化程序空调的代表，就不能不提到半导体制造工厂的空调设备。

最近，大到产业化用具，小到一些家庭用的器械、工具，连一些不起眼的地方都有半导体技术的应用。

半导体由一个个大小为0.1μm以下的极小的素子构成，数百万个这样的素子通过电子线路排列连接组成一个集成电路片。

即使是一个比素子十分之一大小还要小的微粒落到素子上都会导致其成为不良品。因此，制造车间实行严格管理，规定1m³的车间内，空气中0.1μm以下的微粒不能超过10个。一般情况下，室外1m³的空气中，有数十亿个这样大小的微粒应该算是很正常的事情，稍微做个对比，大概就能感受到半导体制造车间的空气有多干净了吧。

我们称上述的空气中只有极少微粒的房间为无尘室。1m³空气中存在10个以下大于0.1μm微粒的房间属于一级无尘室。

普通的空气经过一种由0.1μm以下尺寸的纤维交织而成的高效空气过滤器或者超低穿透率空气过滤器之后可以达到以上车间对干净空气的要求标准。半导体制造车间的顶棚会用超低穿透率空气过滤器实行全面覆盖。空调用的空气通过覆盖装置导入室内。

除了空气的洁净标准之外，半导体制造车间还会对空气的湿度进行精密控制，有的制造环节甚至被要求做到温度浮动范围不超过0.01℃。空气中的杂质会影响到半导体的性能，新近空调设备多使用一种化学过滤器以达到祛除空气中杂质的效果。

以除去空气中尘埃为目的的工业无尘技术，多被应用到半导体工厂、精密机器制造车间等领域。而以除去空气中的病毒、细菌等微生物等为目的的生物性无尘室，则多应用到食品加工厂、医药工厂、医院手术室、动物实验设施中。

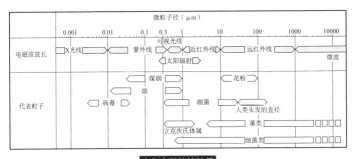

空气中微粒的粒径

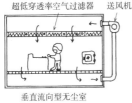

垂直流向型无尘室

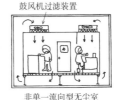

非单一流向型无尘室

半导体车间的无尘室

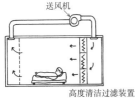

水平流向型（无菌病房）

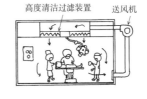

非单一流向型（手术室）

医疗相关的无尘室

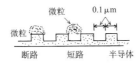

微粒和半导体的缺陷

各种建筑物的空气调节与给水排水卫生设备

4-07 医院和老人福利院的给水排水卫生设备

医院、老人福利院的给水排水卫生设备中，有关卫生器具的种类和设置，应遵循无障碍法和关怀老龄人及身心障碍者的设计指南JIS的标准，其着重点在于无障碍性。

大型医院是需要大量用水的设施。就总建筑面积而言，其用水量几乎是集合住宅用水量的三倍。

大型医院设有门诊部门、诊疗部门、检查部门、住院部门、灭菌部门、膳食供应部门等，有些医院还附设有职工宿舍和护士宿舍。水以及热水的供应也根据这些部门进行了系统的划分。

医院的给水排水卫生设备包含有一般建筑物所没有的设备：氧气、氮气、笑气（一氧化二氮气体）、吸引、压缩空气等医用气体配管设备，纯水、灭菌水、蒸馏水设备，灭菌、消毒设备，搬运输送设备，洗涤设备，特殊废水处理设备等。

氧气被用于麻醉手术时患者的吸入、育婴箱的呼吸疗法等，氮气被用作骨头的切断和穿孔时的动力源等，笑气与氧气一起被用于麻醉，吸引可用于除去患者的呕吐物和血液、体液等，压缩空气则被用作呼吸器疗法和人工呼吸器的动力源等。

严格意义上，灭菌和消毒是不一样的。就医院而言，与手术器具和卫生材料相关的被称为灭菌，而有大型医疗机械和被褥等的情况则被称为消毒。灭菌、消毒的方法有蒸汽、燃气、电力灭菌器或消毒装置，煮沸消毒器，氧化乙烯气体、福尔马林灭菌装置。

医院的搬运输送设备有多种类型：传输病历等文件的气流输送管、运送物品的盒式传送机、自动台车等。

医院排放的含有药品的废水、含有放射性物质的废水，传染病房排放的废水等，作为特殊废水就必须进行适当的处理。

大型医院的检查部门因为需要频繁的更换检查机器，所以为了方便对机器的配管连接，有的医院会在检查部门的地板下或顶棚内设有高为2~3.5m的设备层（ISS）。

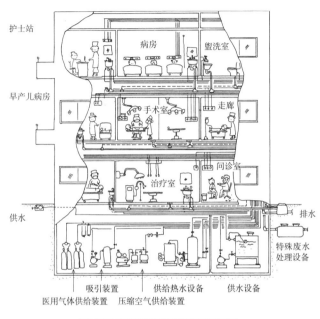

护士站

病房

盥洗室

早产儿病房

手术室

走廊

问诊室

治疗室

供水

排水

特殊废水
处理设备

吸引装置　　供给热水设备　　供水设备

医用气体供给装置　压缩空气供给装置

医院、老人福利院的给水排水卫生设备

洗涤用遥控装置

扶手

镜子

自来水开关

大号盥洗盆

护理空间

保证空间

老人福利院的空间和器具类

4

各种建筑物的空气调节与给水排水卫生设备

4-08 浴池和温泉设施的给水排水卫生设备

除一般的浴池之外，旅馆、健身中心等以增进健康和舒适入浴为目的，会设置气泡浴、喷流浴、超声波浴、蒸汽浴、将某种矿石置于浴池内或放入循环配管中的戴高乐浴等。淋浴设备也是一样，除通常使用的淋浴之外，还设有瀑布浴等拍打浴。有的设施里还设置有存蓄温泉水的淋浴浴池，以便在泡温泉之前往身体上浇热水（防止入浴时血压急速上升而引起身体不适）。当然，像这样的设施里，有的还设有干式桑拿、喷雾桑拿。

所有浴池的热水均通过使用循环水泵来实现循环，循环配管线路上设有集毛器、过滤器、加热装置和消毒装置。

就一般浴池而言，其热水的使用量大致是每人每次50L左右。

根据公众浴池法，利用温水、热海水以及温泉水之外水资源，为公众洗浴提供条件的设施被称为公众浴池。浴池用水和包含自来水、热水、淋浴在内的沐浴用水的水质标准有所差别，此水质标准已经由厚生劳动省（主管社会福利、社会保障、公众卫生以及劳动等行政事务）健康局长通知了各都道府县知事。

根据温泉法，从温泉源被开采出来时温度达到25℃以上、至少有一种规定物质的含量超过必要量的泉水被定义为温泉。温泉中有通过浸泡和饮用的方式以达到疗养效果的疗养泉，但也存在浸泡和饮用温泉水与病症不相符合而产生反作用的情况。因此，将温泉作为公共浴用和饮用的经营者，必须在设施内醒目的地方张贴关于温泉的成分、禁忌病症以及使用须知的告示。

温度低的温泉水有加热的必要。但因温泉水质会腐蚀加热装置，所以为了防止腐蚀而多利用热交换器（换热器），也有用加热装置烧开的热水来给温泉水加热的方法。

因为浴池、温泉很容易滋生革兰阴性需氧杆菌（感染后会发热、引发肺炎），所以需要采取一些必要的措施：配管应保证不出现积水，保持适量的残留氯气，机器、配管内部定期清扫等。这样一来，易于清扫的设计就显得格外重要。

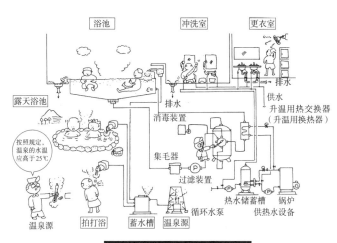

浴池
冲洗室
更衣室
露天浴池
排水
排水
供水
升温用热交换器
（升温用换热器）
消毒装置
集毛器
按照规定，温泉的水温应高于25℃
过滤装置
热水储蓄槽
锅炉
供热水设备
循环水泵
温泉源
拍打浴
蓄水槽
温泉源

浴池和温泉设施的给水排水卫生设备

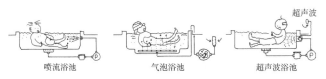

喷流浴池
气泡浴池
超声波
超声波浴池

多种多样的浴池

各种建筑物的空气调节与给水排水卫生设备

4

4-09 学校校园的给水排水卫生设备

不仅在学校校园内，在广阔的地方建建筑物时，一般多设置有热电联产系统。在一个地方设立机械室和电力室等大型能源中心，向各建筑物输送热源、供水、供电等，其中所使用的配管和配线集中铺设在人可以通过的共同沟内。

学校校园内设有主楼、教学楼、科研楼、图书馆、体育馆、食堂、集会所、运动场等理工类学校还设有实验楼；医学类学校设有医院。并且理工类、医学类学校设有实验专用或医疗专用的特殊配管设备。

设计学校校园时应将校内施工多为阶段性施工和有长期休假等因素考虑在内进行设计。自来水管道里的水若长期积存，其中的残留氯气就会消失，因此，储水池要做得能改变水位高低以便自由调节储水容量。另外，建筑物建设在郊外时，因无法利用公共下水道，会设有净化池。此时，或将净化池分成2~3个，或调节送风机送入的风量，以应对象假期时流水量减少的情况。

无法利用自来水的情况下，将利用井水等其他水资源。此时，需进行水质检测，并根据需要加氯处理以达到管道水的水质标准。

决定供水方式时，会将地基的地势高低、建筑物的建设日程等因素考虑在内。郊外的学校校园内，由于多建有屋顶面积大的建筑物，因此可对太阳热能以及排水再利用水、雨水等杂用水加以利用。

另外，降水除用作杂用水以外，还可以通过开孔管等使之尽量渗透到地下，滋养地下水。

开设有理工类和医学类，或设有附属医院的学校，由于会产生各种各样的特殊排水，所以设有相应的处理设施。

地处无法使用城市燃气地区的学校将使用液化石油气。大型设施的话会采用散装供应方式，也就是把油罐车运送的燃气存放到散装储罐里，然后再输送到有需要的地方。

从共同沟和土中配管向各楼引入配管时，使用挠性接头。

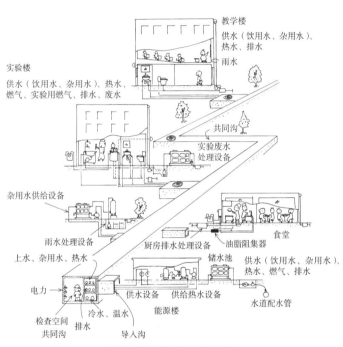

教学楼
供水（饮用水、杂用水）、
热水、排水
雨水

实验楼
供水（饮用水、杂用水）、热水、
燃气、实验用燃气、排水、废水

共同沟

实验废水
处理设备

杂用水供给设备

雨水处理设备

厨房排水处理设备

油脂阻集器

食堂

上水、杂用水、热水

储水池

供水（饮用水、杂用水）、
热水、燃气、排水

电力

供水设备

供给热水设备

水道配水管

检查空间
共同沟

冷水、温水

排水

能源楼

导入沟

学校校园的给水排水卫生设备

4

各种建筑物的空气调节与给水排水卫生设备

4-10 超高层建筑的给水排水卫生设备

根据建筑基准法，超过60m高的建筑被称为超高层建筑。

建筑物越高，低层水压也越高。如果水压过高，用水时水会飞溅，使用起来不便。这样既加速了接水器具的损耗，水流声也大。由于水流量变大，管内水流速度将加快，会导致水锤现象（参照5-09）等问题发生。一般建筑物的水压低于400~500kPa，而住宅和宾馆客房的水压则低于300~400kPa。

为控制水压会采用分区制的方法，需根据建筑物的高度来分割供水系统。采用高位水池供水时，控制水压可以在每个分区设置水泵和水池，也可以几个分区共设一个水池，还可以在水池的供水管上加设减压阀。采用水泵直接供水时控制水压要么在每个分区设置一个水泵，要么几个分区共设一个水泵，再加设减压阀等。

为了使供热水的水压与供自来水时的水压相等，各个分区的供热水供应设备与该分区的供水设备分开设置。

通过排水竖管向下排水时，水流速度不是无限增加的，排水与管壁及管内空气的摩擦使其保持一定的速度流下，但压力会越来越大。为了减轻压力使其排入通气竖管中，每隔10层就会在排水竖管和通气竖管间架设通气管使两者连通，这种通气管被称为结合通气管。

超高层建筑使用城市燃气时，由于城市燃气的空气比重小于1，随着楼层的增高，燃气压力增大，因此会设置升压防止装置。此外，还安装有引入管燃气截断装置、紧急燃气截断装置、微压表、业务用燃气截断装置等安全设备。

超高层建筑里有厨房，也有饮食店进驻，因此还设置有厨房排水除害设施，以及垃圾处理设备。

工厂制造的组合式卫生器具已被广泛用于超高层建筑的卫生间。此外，越来越多的女性参与社会工作，所以在决定器具数量和卫生间的配置时会将男女比例考虑在内。

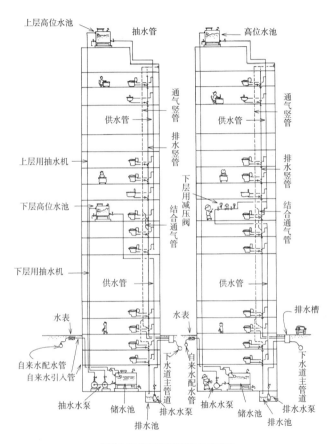

超高层建筑的给水排水卫生设备

各种建筑物的空气调节与给水排水卫生设备

4

4-11 圆顶·大空间建筑的空调设备及给水排水卫生设备

像剧场、电影院、礼堂等场所的观众席、大厅等为顶高地宽的半圆形空间。在这样的大空间里，人多站在地板上或坐在椅子上，因此基本上需要空调的部分最多只有距地板1.5～2m处，以上的空间实际上并不需要空调。

像这种基本上只有观众席附近和距地面较低部分需要空调的建筑，除室内体育馆、类似东京巨蛋的空气膜构造的球场，机场客运大楼、酒店、高楼大厦的前厅等外，诸如此类还有很多。

对像圆顶空间这样的大空间进行空气调节时，室内出风口的安装位置、形状等与写字楼等建筑略有不同。

在高顶的大空间内若空调产生的空气从顶棚排出，排出空气受浮力作用影响，虽然制冷用的冷风能吹到观众席处，但供暖时暖风则会停留在顶棚附近无法到达观众席，观众会觉得冷。

因此，电影院、剧场的观众席这样的地方多数情况是在室内两侧侧壁较低位置安装喷嘴式出风口，使用作空气调节的空气由水平方向吹出。最近大型厅内的观众席、室内体育馆等地也出现了从椅子下吹风的空调椅和从观众席的地板处吹风的空调设备。

另外，冬季地面凉，脚会觉得冷，保暖效果也就打了折扣，因而也有并用地暖的情况。

在圆顶和高顶的空间内，以往的自动洒水灭火器在火灾发生时会受到上升的热气流的阻碍，不能有效地灭火，因此安装了从属于自动喷淋灭火器的喷水枪等喷水型喷头。

圆顶建筑、大型展览会一般因使用人数众多，屋顶面积大，而采用了循环利用排水和利用雨水的设备。另外，对于多功能的场所，需考虑到参加不同活动时到场的男女比例不同，成人与孩子的比例也不同等因素来设计卫生器具设备。

像东京巨蛋那样，屋顶为膜构造、通过送风机加压会膨胀的建筑，需要设法利用正压保证回水弯的封水效果。

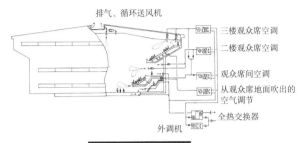

排气、循环送风机

三楼观众席空调

二楼观众席空调

观众席间空调

从观众席地面吹出的空气调节

全热交换器

外调机

剧场观众席空调安装一例

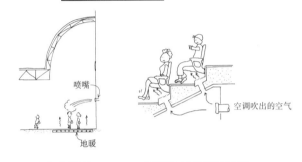

喷嘴

地暖

空调吹出的空气

前厅的空调　　　**剧场观众席暖气安装一例**

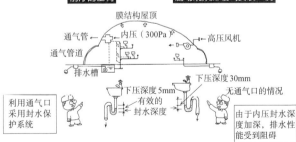

膜结构屋顶

通气管　　内压（300Pa）　　高压风机

通气管道

排水槽

下压深度30mm

下压深度5mm　　无通气口的情况

有效的封水深度

利用通气口采用封水保护系统

由于内压封水深度加深，排水性能受到阻碍

膜构造圆顶和回水弯

4-12 海洋馆的给水排水卫生设备

日本首个海洋馆建于1882年，该海洋馆一直开放到昭和初期，当时人们把这种从上俯视观赏的海洋馆称为上野动物园的"观鱼室"。现在，海洋馆观赏池用有机玻璃建造，人们可从侧面和下面观赏池内饲养的水栖动物。

海洋馆大致分为海水海洋馆和淡水海洋馆两大类。关于海水海洋馆的取水，若周边海域的海水干净且盐分浓度适宜，可直接取水过滤后使用。但若周边海域的海水盐分浓度较低，只将周边海域的海水作为清洁用水使用，饲养用水则需从远洋运输过来。

关于淡水海洋馆的取水，将井水或自来水脱氯处理后使用。

一般，过滤观赏池水中的悬浮性物质和氨型氮需按以下步骤循环过滤：

观赏池➪压力式（密闭式）过滤装置或重力式（开放式）过滤装置➪水温调节装置➪臭氧反应塔等杀菌装置➪观赏池，观赏池中的水每小时循环过滤一次。

关于过滤装置的滤材，若对象是鱼类则采用沙子，若对象是海兽、鸟类，因为排泄物和残饵多，采用沙子和无烟煤的双层过滤方式。

悬浮性物质通过过滤装置的滤材过滤，悬浮性物质和氨型氮通过繁殖在滤材表面的硝化菌进行分解。因为氨硝化后会导致pH下降，所以有时需要在滤材的下部填充贝壳、珊瑚砂等物。

观赏池的水温，一般热带地区的水栖动物为25℃以上，中纬度地区的水栖动物为15～20℃，高纬度地区的水栖动物为5～10℃，极地高纬度地区的水栖动物为1～2℃。

除循环过滤装置外，有时还有安装波浪发生装置。

水不断循环过滤，会导致过滤装置堵塞，过滤效果下降，因此需要3～4周左右清洗一次过滤装置，清洗完毕后需在清洗之后的污水中注入絮凝剂和聚合物（高分子聚合物），使水中混浊物沉淀后将净水放出。浓缩污泥存积在浓缩污泥池内自然风干，或经脱水机脱水之后运出。顺便说一下，有的海洋馆将淡水池、淡水河安置在室外，并在其中饲养水栖动物。

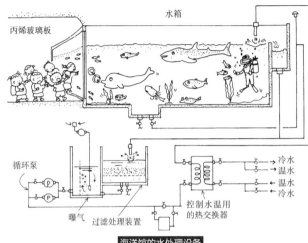

海洋馆的水处理设备

海洋馆的展示图例

4

各种建筑物的空气调节与给水排水卫生设备

5-01 水泵是一种输送液体或使液体增压的机械

水泵是一种将储水槽中的水抽至屋顶的高置水槽，或用配管将冷冻机制造出的冷水输送至空调的机器。

根据不同的工作原理水泵可分为各种不同类型，其中最常见的一种叫蜗壳泵。蜗壳泵是通过泵轴带动圆弧状或翼状的叶轮旋转，沿着轴的方向吸入水流，叶轮的叶片驱使液体一起旋转，因而产生离心力，在此离心力的作用下，液体沿叶片流道被甩向叶轮出口，机壳将速度转化为部分压力，因而产生所需的流量和压力（水泵扬水的扬程），又因机壳的形状而取名为蜗壳泵。

在蜗壳泵的叶轮出口处安装固定导叶，有效地利用水泵出口处水流的速度使之转化为压力的水泵叫导叶水泵（旧称：涡轮泵），它被用于超高层大厦的抽水泵等多种场所。

当蜗壳泵用于输送普通水时采用生铁制造，但是供水、供热水时配管易产生腐蚀问题，在这种情况下，以及需输送高温、高压水的情况下也使用不锈钢或尼龙涂层制造的水泵。

关于水泵的类型，除卧式和立式外，从安装方式来看，还有安装在管道上的管道型水泵（管道泵），以及为了从低处排水槽中抽水而把泵体放入水中的排水用水中电动泵等多种类型。

水泵的性能以流量、扬程、效率为标准来体现，但扬程的抽水高度和下压高度还会受到配管和机器的摩擦阻力以及局部阻力的影响。

关于特殊类型的水泵，有用于输送像燃料油那样黏度高的流体的齿轮泵；也有用于蒸汽配管回水，由真空泵和蜗壳泵组合的真空给水泵；还有将电动机安装在地面，泵体处于井中较低位置的深井泵等多种类型。另外，若要抽取净化槽中的污泥等包含了细小固体物质的水、温泉水时，也会使用空气提升泵，在水中注入空气以缩小水的外观密度。

当所需流量、扬程大的时候，可将数台水泵并联或串联起来共同运行，但需注意的是，在这种情况下流量和扬程的增加并不是简单的叠加。

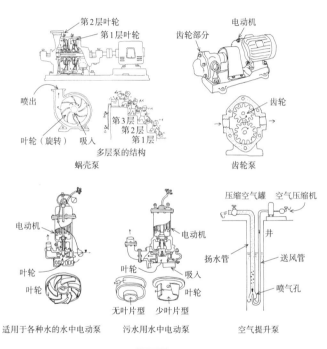

第2层叶轮
第1层叶轮

喷出

叶轮（旋转）　吸入

蜗壳泵

第3层
第2层
第1层

多层泵的结构

电动机
齿轮部分

齿轮

齿轮泵

电动机

叶轮

叶轮

适用于各种水的水中电动泵

电动机

叶轮　吸入

叶轮

无叶片型　少叶片型

污水用水中电动泵

压缩空气罐　空气压缩机

井

扬水管　送风管

喷气孔

空气提升泵

各种泵

5

机器与材料

5-02 用于提高气体压力并排送气体的通风机

　　用空调调节温度和湿度，使用通风机将去除了灰尘的空气通过管道输送到需要调节空气的室内。

　　风机有各种不同的类型，简单的有家用电风扇、厨房换气扇，这就类似于大型团扇，数根扇叶呈放射状排开产生旋转风，但在有阻力的地方其风力难以发挥。又因为空气从电风扇旋转轴方向流出，所以取名轴流风机，可获得最大压强为0.1kPa。

　　普通的空调、通风设备中使用的离心式鼓风机的蜗壳内装有叶轮，叶轮上有圆弧状或羽翼状的扇叶排列成圆筒状，通过旋转叶轮产生风量和压力。由于叶轮的转动，使离心式鼓风机吸入的空气产生离心力，该离心力又在蜗壳中转化为压力。带有圆弧形向前扇叶的通风机叫多叶片通风机，带有向后扇叶的叫涡轮风扇，多翼型送风机因扇叶断面为翼型而得名。

　　这些通风机可产生的最大压强为2kPa，所以需要较之更高压强时，应使用有特殊形状扇叶的风机。

　　离心式鼓风机中空气沿叶轮轴方向被吸入，然后与轴成90°角度排出，室内空气调节器、风机盘管等使用与多叶片通风机一样空气横穿叶轮流出的横流风机。

　　在普通的办公大楼，空调和换气用的通风机的动力消耗占了每年能源消耗约的20%。在通风机运转所需的动力中，通风机处理的风量和产生的压力总量成正比。

　　变风量空调系统作为节能方法用于空气调节设备能源的节约，它根据空气调节的热负荷改变向室内提供的风量（送气量）。关于通风机风量的控制方法，有使用调节风门的方法、减小旋转数的方法等。与前者无节能功效相比，后者可按风量有比例的减少旋转次数，并且动力与旋转数成3次方正比例减少，具有超高节能功效。把这种即使改变空调的热负荷，供气量也不会改变的系统叫做定风量系统。

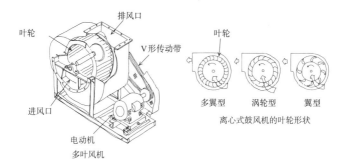

叶轮
排风口
V形传动带
进风口
电动机

多叶风机

叶轮

多翼型　　涡轮型　　翼型

离心式鼓风机的叶轮形状

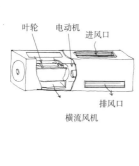

叶轮　电动机　进风口

排风口

横流风机

进风口　叶轮

排风口

横流风机

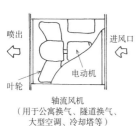

喷出　　进风口

叶轮　电动机

轴流风机
（用于公寓换气、隧道换气、
大型空调、冷却塔等）

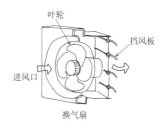

叶轮

挡风板

进风口

换气扇

多种多样的送风机

5-03 冷却空气和水的制冷机

空调用的制冷机通过吸收高温物质的热量，从而达到降低温度的目的机械。

制冷机使用一种叫做"冷却剂"的物质，该物质在相对低压的状态下易蒸发、凝缩。空调用的制冷机有蒸汽压缩制冷机和吸收冷冻机两种。

蒸汽压缩制冷机由压缩机、冷凝器、节流阀、蒸发器四大主要机器构成。

压缩机将经由蒸发器流回到压缩机的、低温低压的冷却剂气体压缩后转化为高温高压的气体，然后在冷凝器将高温的气体用较低温的水或者空气进行冷却，转化成液体制冷剂。该液体通过膨胀阀转变为低压易蒸发的状态，然后传送给蒸发机，冷却水和空气，这时冷却剂便在吸收空气和水的热量后蒸发。空调用制冷机的冷却剂气化温度为3～5℃左右，液化温度为40～45℃左右。

压缩机有各种不同的类型，室内空调等小容量的压缩机使用旋转式、涡旋式等，中容量的压缩机使用往复式、螺杆式，大容量的压缩机使用离心式（涡轮式）等。

关于冷凝器的类型，用水冷却时叫水冷式，用大气等气体冷却时叫空冷式。水冷式的冷却水通常在大气中蒸发冷却塔装置中的一部分水，然后将剩余的冷却水冷却，最后返还到冷凝器中。

用于普通空调的吸收冷冻机，使用具有吸收水蒸气性质的溴化锂（也叫吸收液），用水作为冷却剂，产生冷水。冷水温度最低为5℃左右，整体由蒸发器、吸收器、再生器（也叫发生器）、冷凝器、膨胀器构成。

吸收冷冻机中，吸收器让高浓度的溴化锂吸收制冷剂的水蒸汽，然后将该液体用再生器加热产生高温水蒸汽，传送给冷凝器，因此吸收器和再生器共同配合发挥了蒸汽压缩制冷机的压缩机功能。吸收冷冻机中还有双重效用型、三重效用型、余热利用型等多种节能类型。

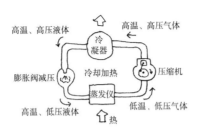

蒸汽压缩制冷循环

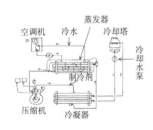

往复式制冷机

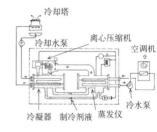

离心制冷机（涡旋）

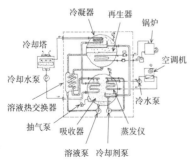

水、溴化锂吸收冷冻机

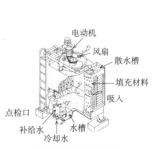

冷却塔（交叉气流式）

5-04 热量提升装置——热泵

由于制冷机冷凝器中的制冷剂温度较高，因此可用于生产热水和制造暖风等，此外还可用于供给热水。

我们称抽水的机器为水泵。同样，当制冷机用于提升热量时被称作热泵。所以，制冷机和热泵是同一种机器，只是因用途不同而叫法不同。

例如，冬天制冷机蒸发器吸入0℃室外空气，如果将制冷剂的蒸发温度调至-5℃，通过低温制冷剂，甚至可以将（流入蒸发器的）室外空气冷却至-3℃。这时，流入的室外空气温度高于制冷剂温度，便能够吸收其热量。而当液态制冷剂蒸发时，（吸收外界热量）其携带的热量便随之增加。蒸发后的蒸汽被压缩机吸收压缩后，温度可以上升至45～50℃，（压缩后的高温高压）蒸汽进入空调机的空气盘管，便可加热室内空气用于取暖。但这仅限于室内空气调节器和气冷式热泵型组合式空气调节器。

除此之外，还有一种加热室内空气的方法，那就是向冷凝器注入高温制冷剂，加热水温至45～50℃后注入空调机的空气线圈。

热水也可用同样方法制得，最近，热泵式热水器大为普及。通过使用热泵，就可以有效利用这种在自然界大量存在、至今为止被人较少使用的能源。

我们将此类空气称为热泵的热源。但除此之外，河水、海水、工场的高温排气排水和污水等都可作为热泵的热源使用。这类自然界中的能源或未加利用的能源不仅可以用于空气调节，也渐渐作为工业用的加热设备等的燃料使用。

能够通过制冷机和热泵从外部获取的热量与所需动力之间的比，我们称之为制热能效比（COP）。如果空调机制冷机原来的能效比为4～5，那么我们可以利用输入能量的4～5倍的热能。如果运转条件相同（热源温度相同），在理论上，热泵的能效比要比制冷机高1倍。

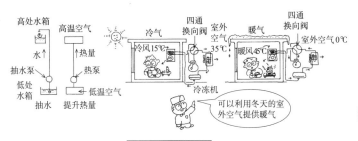

高处水箱
水↑
抽水泵
低处水箱
抽水

高温空气
↑热量
↑热泵
低温空气
提升热量

冷气
冷风15℃
四通换向阀
室外空气35℃
冷冻机

暖气
暖风45℃
四通换向阀
室外空气0℃

可以利用冬天的室外空气提供暖气

空气热源热泵空调器

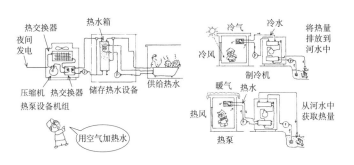

热交换器
夜间发电
压缩机　热交换器
热泵设备机组

热水箱
储存热水设备
供给热水

用空气加热水

空气热源热泵热水器

冷气
冷风
制冷机

冷水
将热量排放到河水中

暖气
热风

热水
从河水中获取热量
热泵

水热源热泵冷暖气设备机组

5

机器与材料

5-05 生产蒸汽和热水的锅炉

受温度和压力的影响，物质会以气体、液体、固体三种状态中的其中一种存在于物质世界中。在标准大气压（101.3kPa）下，温度在0℃以下时液态水凝结为固体冰，0~100℃之间保持液态水状态，超过100℃则蒸发为气体水蒸汽。

如果压力保持大气压以上（外界压力增大），水在100℃不会沸腾而是成为100℃以上的高温液态水，我们称之为高温水。

锅炉通过加热水生产水蒸汽。通常情况下，当气压保持高于大气压时，可以生产出100℃以上的水蒸汽。但有时水温达不到100℃高温，这时也会通过加压的方法来生产100℃以上的高温水。

锅炉的日文说法是由英文"boiling（让水沸腾）"一词而来。所以，如果水没有沸腾而称之为锅炉有点不恰当，习惯上称之为"热水锅炉"。

锅炉有很多种类，但基本上都是在燃烧室或燃气通道上的传热面上加热水，从上部获取空气。

燃烧室中所用的燃料通常是由石油作为原料的重油，灯油或天然气等城市用气。以前一般烧煤炭，但近几年在日本已不多见。不过也有（不使用燃料）而用电热器的电锅炉等。

一直以来，由于铸铁分节锅炉可以在现场临时组装且内部容量可灵活控制，被广泛用于建筑物内的空调设备和供暖设备。但随着空调设备的逐渐大型化，而且兼用于供给热水，所以炉筒烟管锅炉渐渐被加以采用。而像大型旅馆和医院等需要大量高压蒸汽，则多采用水管锅炉。

此外，贯流锅炉也被使用。其原理是通过锅炉下方的供水口将水注入燃烧室的管子中，从锅炉上方的出气口获取蒸汽。特别是小型贯流锅炉，它有其自身优点，比如热效率很高，而且不需要运行资格证（2）（锅炉技师资格证），因此被广泛采用。

按照法律规定，在日本从事锅炉方面的工作需考取锅炉技师资格证。但最近，由于锅炉内部设定的气压低于标准大气压，所以像这种生产100℃以下蒸汽和热水，且不需要相关运行资格证书的真空式热水器和无压式热水器也被广泛使用。

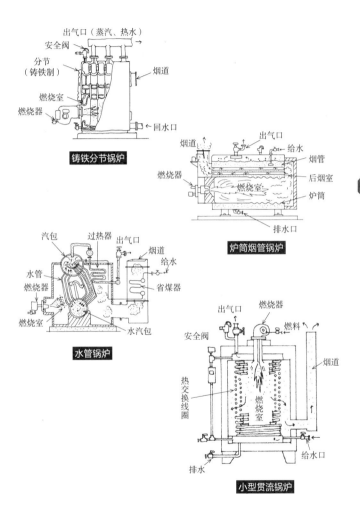

出气口（蒸汽、热水）
安全阀
分节
（铸铁制）
燃烧室
燃烧器
回水口
烟道

铸铁分节锅炉

烟道
出气口
给水
烟管
后烟室
燃烧器
燃烧室
炉筒
排水口

炉筒烟管锅炉

汽包
过热器
出气口
烟道
给水
水管
省煤器
燃烧器
燃烧室
水汽包

水管锅炉

出气口
燃烧器
燃料
安全阀
烟道
热交换线圈
燃烧室
给水口
排水

小型贯流锅炉

5
机器与材料

125

5-06 供给热水用的热源设备的种类和构造

供给热水用的热源设备分为很多种类。最常见的有家用燃气热水器、使用深夜电力的电热水器以及公司休息室里摆放的使用煤气或电的沏茶用的烧水壶。

燃气热水器是由燃气快速热水器发展而来的。经过了淋浴和浴缸加热器一体的热水器时代，到现在，除了燃气快速热水器的功能外，甚至具备了加热洗澡水、二次加热洗澡水和热水暖气等功能。同类热水器中有的也用石油作为燃料。此外，不仅是燃气热水器排出烟气携带的显热，还有利用其潜热的潜热回收热水器。

大型建筑物的热源设备中，有条件利用蒸汽的医院等场所一般采用带热交换盘管的保温水箱。而当无法利用蒸汽时，过去人们一直选择使用需有人看管的供热锅炉，现在则多采用真空式热水器或无压式热水器。虽然在法律上这两种热水器都达不到锅炉的标准，但由于其可以节省人员开支，提高安全性能，且不受气压高低限制等优点，也被人们广泛采用。但由于只有热交换盘管，为了结合一天中热水用量的变化做到不浪费水，就另外需要一个用来储存热水且没有热交换盘管的保温水箱。此外，热水器中不仅是供给热水的盘管，还可以安装用于供暖的热水盘管。

在日本，以1973年的石油危机为契机，节能成为焦点。本着节能的原则，家庭用的太阳能热水器逐渐普及，即使高层楼房也通过太阳能集热器来供给热水、供暖，甚至是制冷。但有个前提，必须是晴天，否则无法从太阳收集热量，所以这就需要万全的备用加热装置。

最近，使用热泵、燃气发动机或者燃气电池的热电联供（参照7-05）等供给热水的装置越来越普遍。此外，甚至还有热泵式热水器和燃烧型热源设备相结合的混合型热水器系统。

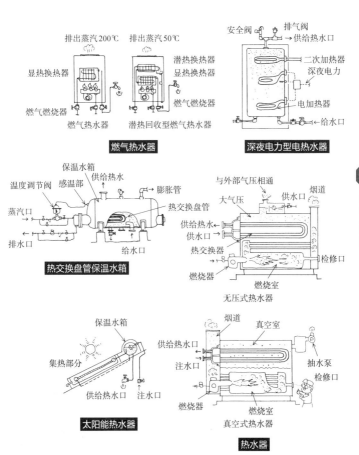

排出蒸汽200℃　排出蒸汽50℃

潜热换热器
显热换热器
显热换热器

燃气燃烧器
燃气燃烧器

燃气热水器　潜热回收型燃气热水器

燃气热水器

安全阀　排气阀
供给热水口
二次加热器
深夜电力
电加热器
给水口

深夜电力型电热水器

保温水箱
温度调节阀　感温部　供给热水
膨胀管
蒸汽口　热交换盘管
排水口　给水口

热交换盘管保温水箱

与外部气压相通　烟道
大气压　供水口
供给热水　供水口
热交换器
燃烧器　检修口
燃烧室

无压式热水器

保温水箱　烟道　真空室
集热部分
供给热水口　抽水泵
注水口　检修口
供给热水口　注水口
燃烧器　燃烧室

太阳能热水器　**真空式热水器**

热水器

机器与材料

127

5-07 空气调节系统的核心部分——空调机

空调机可谓是空气调节系统的核心组成部分，通常情况下，其内部构造按空气流通方向依次为空气过滤器、空气冷却器、空气加热器、空气加湿器和送风机。

空气过滤器通过玻璃纤维制成的垫状或片状纤维向室内输送干净空气，同时也会除去换气时室外空气中所携带的灰尘粒子等污染物，有时也可用电气集尘机来清理。但在除臭气等气体不纯物时则多使用吸附能力强的活性炭类材料。

空气冷却器和加热器均由很多根管子排列构成。管束外侧镶有很多薄板，被称为翅片。通过向管内注入冷水、热水、蒸汽以及制冷剂等物质来冷却或加热其外侧通过的空气，这就是向管外侧空气传递热量的方法。但这热量仅仅是管内水和蒸汽热量的几百甚至是几千分之一，所以主要还是依靠增加空气的传热面积来传递热量。空气冷却器也被称作空气盘管。

空气冷却器将空气中的水蒸气凝结成水滴加以排除以达到除湿目的。为了防止流经的空气将水滴带入管道内或室内，多使用液滴分离器（除水滴板）来分离空气中的水滴。

冬季空气绝对湿度较低，空气加湿器则主要用于提高空气湿度，主要有两种方法：一种是将烧锅炉产生的蒸汽直接输送到空气中，另一种则是通过水的蒸发来加湿空气。

第二种方法主要通过加热水箱中的水，让蒸汽随流经的空气进入室内空气以达到加湿目的。除此之外还有很多让水的蒸发的方法。例如，让水流经通过弯曲合成树脂板子制成的蜂窝状物体上方来蒸发水的方法；通过喷雾器之类的装置将水加工成雾状来加湿空气的方法。

中央空调系统使用的空调机通常被称作空气调节装置，但像室内空调和组合式空调中多是空调机和冷冻机（热泵）并存使用。

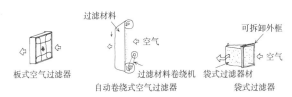

过滤材料

空气

可拆卸外框

空气

板式空气过滤器

过滤材料卷绕机

袋式过滤器材

自动卷绕式空气过滤器

袋式过滤器

三种空气过滤器

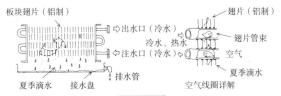

板块翅片（铝制）

翅片（铝制）

出水口（冷水）

翅片管束

冷水、热水

空气

注水口（冷水）

夏季滴水

排水管

夏季滴水　接水盘

空气线圈详解

空气冷却器

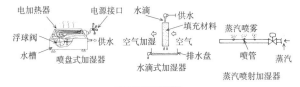

电加热器　电源接口　水滴

供水

填充材料

蒸汽喷雾

浮球阀

供水

空气加湿

空气

喷管

蒸汽

水槽　喷盘式加湿器

排水盘

水冲式加湿器

蒸汽喷射加湿器

三种空气加湿器

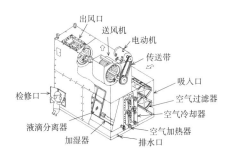

出风口

送风机

电动机

传送带

吸入口

检修口

空气过滤器

空气冷却器

液滴分离器

空气加热器

加湿器

排水口

空气调节装置

5

机器与材料

5-08 水箱的种类和材质

水箱分为两类，一类是开放式水箱，像受水水箱、高置水箱、开放式膨胀水箱等；另一类则是箱内受压的密闭式水箱，像压力水箱、密闭式保温水箱、密闭式膨胀水箱等。

杂用水箱、灭火水箱、排水水箱、蓄热水箱等一般利用建筑的主体结构安在其最底层的地板下面。在以前，饮水用的受水水箱也安在建筑物最底层的地板下面，但是后来发生了这样的事件，打开水箱后居然有老鼠的尾巴，把人吓了一跳，并且排水从外面和地板下侵入到水箱中。因此，1975年，建设省规定此类水箱的安装必须符合从外面可以进行六面检修和清洗的构造标准。为此，水箱上面要留出1m以上、侧面和下面要留出60cm以上的检修和操作空间。

饮水用的高置水箱在过去多使用镀锌板和环氧树脂板，现在则多采用FRB（玻璃纤维强化树脂）铁板、不锈钢铁板和尼龙涂层铁板等。

上述铁板水箱刚出现时都是独立一体的，而现在多采用1m×1m或2m×2m规格的铁板现场组装。大容量的饮水用水箱也采用可以直接在现场组装的木制水箱。对于开放式水箱，由于水质容易受外部污染，必须定期进行清理。

饮水用之外的其他开放式水箱也有采用内壁镀锌铝合金的钢板水箱，开放式保温水箱也使用耐热性能好的FRP制水箱。

压力水箱、密闭式保温水箱和膨胀水箱等内部存在压力，所以多采用防腐钢板、镶不锈钢板的不锈钢金属包层铁板和不锈钢钢板等。但对于压力水箱和密闭式膨胀水箱，由于其内部水和空气并存，为了避免空气溶入水中，多使用隔膜或气囊（合成橡胶袋子）等来分隔水和空气。

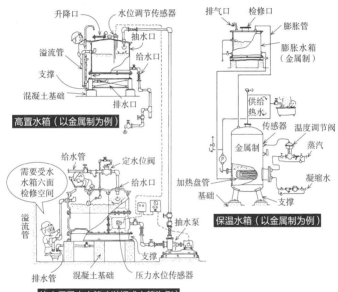

升降口　水位调节传感器
抽水口
溢流管　给水口
支撑
混凝土基础
排水口

高置水箱（以金属制为例）

排气口　检修口
膨胀管
膨胀水箱
（金属制）

供给
热水
传感器　温度调节阀
金属制　蒸汽
加热盘管　凝缩水
基础　支撑

保温水箱（以金属制为例）

给水管　定水位阀
需要受水
水箱六面
检修空间　给水口
溢流管
抽水泵
支撑
排水管　混凝土基础　压力水位传感器

饮水用受水水箱（以板式水箱为例）

5

机器与材料

5-09 配管和连接方法

从水槽向别处送水时需要使用通水的管子。人们将这种管子和其他附属设备统称作"配管"，也用来输送水蒸汽和燃料等物质。

钢管常用来输送温水、水蒸汽和除饮用水与杂排水外的常用水。当压力在1MPa以下时，使用配管用碳素钢管，俗称气管，压力在1MPa以上时，使用压力配管用碳素钢钢管，俗称规格管。

钢管中未镀锌的称作黑管，表面镀锌的称作白管。过去，白管多用作冷水管和热水管，但是由于水质变化的影响，白管逐渐被腐蚀逐流出红锈水，目前已不再使用。

一般大厦的供水管使用内层涂有聚乙烯或硬质聚氯乙烯的钢管（称为聚氯乙烯管），住房的冷热水管使用聚氯乙烯管、聚乙烯管、交联聚乙烯管、聚丁烯管等树脂管。

由于以前热水管所用的钢管会被腐蚀，所以目前也使用不锈钢钢管、耐热性硬质聚氯乙烯内衬管。

排水管使用排水铸铁管、镀锌钢管、合成树脂管、硬质聚氯乙烯管等。

室内的排水管和通气管一直使用镀锌钢管，但室外的排水管已由以前的混凝土管或陶管清一色变为现在的聚氯乙烯管。

低温水配管、水蒸气配管多使用钢管，冷冻机所用的冷媒配管则根据冷媒的种类特点在铜管和钢管中择一而取。

根据管的材质、使用压力、输送液体等的不同，配管的连接方法也不同，或切掉管末端的螺栓用接头连接，或使用法兰连接，或焊接，或钎焊，或是机械连接，或使用胶粘剂，或使用熔敷技术连接等。若用螺栓连接聚氯乙烯管，管末端的钢会裸露出来，为了不让这部分接触水，所以特别使用管端防腐蚀性接头或者阀门来连接。

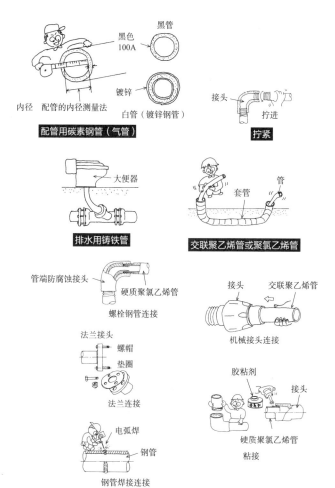

黑管

黑色
100A

镀锌

内径　配管的内径测量法

白管（镀锌钢管）

配管用碳素钢管（气管）

接头

拧进

拧紧

大便器

排水用铸铁管

套管

管

交联聚乙烯管或聚氯乙烯管

管端防腐蚀接头

硬质聚氯乙烯管

螺栓钢管连接

接头

交联聚乙烯管

机械接头连接

法兰接头

螺帽

垫圈

法兰连接

胶粘剂

接头

硬质聚氯乙烯管

粘接

电弧焊

钢管

钢管焊接连接

各种配管的连接方法

5

机器与材料

133

5-10 阀门种类

阀门用于控制管道启闭、调节流量、防止回流等。

阀门的种类很多，主要有球阀、闸板阀、止回阀、蝶阀、浮球阀。

阀门的基本结构包括：阀门箱、阀体、阀杆以及阀座。阀门箱的外壳由铸铁或青铜等材料制成，阀体用于控制流路的启闭，阀杆用于升降或转动阀体，阀座设置在阀体与阀门箱的中间为了防止缝隙的产生。

球形阀（截止阀）通过改变阀体与阀座间的开度来调节流量大小，流向改变90°的球阀也叫角阀。

闸板阀（也叫闸阀）通过上下调节阀板启闭管道，不用于调节流量。因为在水等液体流通的过程中关闭阀体会引起振动，致使阀体周围逐渐磨损，存在即使将阀门全部关闭仍会漏水的隐患。

止回阀用于防止管道内流体回流，有旋启式和升降式两种。旋启式既可以安装在水平管路也可以安装在自下而上流动的垂直管路中。升降式则分为用于垂直管道的立式止回阀和用于水平管道的卧式止回阀。

通过圆盘状阀体（蝶板）围绕阀杆旋转来开启或关闭流路，兼有调节流量和开关流路的作用。

浮球阀通过转动带有连杆的球状阀体来实现流路的开闭和流量的调节，具有体积小巧，压力损失小，操作方便等优点。供气设备中常用的活栓也通过转动阀体来启闭流路，与球阀结构相同。

除上述阀门外，还有自动控制流量的电动双向阀和电动三向阀，用于调节温度的温控阀、启闭流路的电磁阀，有特殊用途的液压水位控制阀、减压阀、安全阀、排气阀、球型旋塞、倒流防止器等。

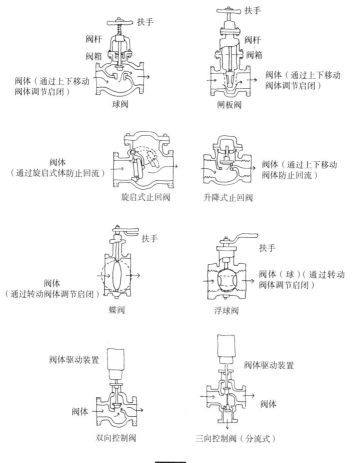

各种阀

5-11 风道

供空气流通的管道叫做送风管。

一般情况下，管道的截面为长方形或圆形，由厚度为0.5～1.2mm的镀锌钢板制成。因浴室或工厂等排出的空气易腐蚀管道，所以这些管道由硬质聚氯乙烯、铝、铜等耐腐蚀性强的材料制成。

钢板送风管需先按照送风管的形状切割，再连接制成。以前都是由技术人员在空调设备安装现场直接加工。钢板的连接方法像日式短布袜的钩状卡扣一样，需用木槌敲击钢板折缝结合处使其弯曲，但敲击噪声很大，影响不好。1965年前后，日本从美国引进了较为简单的操作方法并开始普及。最近，根据现场制作的施工图用计算机算出送风管部件的尺寸，在工厂加工的做法极为普遍。不需在现场进行加工，噪声自然而然也消失了。

关于管道较长端的连接，以前普遍使用卷边接缝法，或用角钢（L型钢）法兰来连接，再用螺栓、螺帽固定，最近是把管道的末端折弯，然后在多处用简单的夹子固定即可。

管道的形状应尽量根据空气的流向来制作，以便空气可以顺畅地流通。例如，空气转角处使用圆弧形弯头，必须用直角转弯的时候，在弯头中再加入圆形或翼状导向桨叶（导流叶片）以减少阻力。

调节送风管内空气流量的节流装置叫做风门，它不仅有用于调节风量的风量调节风门，也有发生火灾时用于防止烟或火通过管道蔓延所用的防火风门。

送风管的材料处钢板等金属板材之外，还可以用玻璃纤维来制作长方形送风管，用厚牛皮纸或合成树脂布和回形针缠绕成圆形送风管。

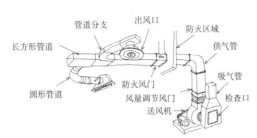

管道分支　出风口　防火区域

长方形管道　　　　　　　　供气管

圆形管道　防火风门　吸气管

风量调节风门　检查口

送风机

送风机和管道系列

法兰连接

卷边接缝

铆接

镶嵌法兰
密封垫

螺栓连接
法兰连接

管道铁板

长方形管道

扣绊　匹兹堡扣

卷边接缝的种类

以前的管道连接方法

挂在钩上

钩

卷边暗扣穿孔装置

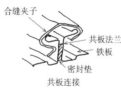

合缝夹子

共板法兰
铁板

密封垫

共板连接

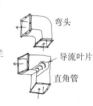

弯头

导流叶片

直角管

最近的管道连接方法

弯头的种类

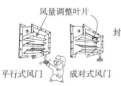

风量调整叶片

平行式风门　成对式风门

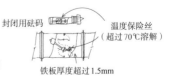

封闭用砝码

温度保险丝
（超过70℃溶解）

铁板厚度超过1.5mm

风量风门

防火风门

5

机器与材料

5-12 保温——减少热损失

空气调节设备和给水排水卫生设备常利用与周围空气有温差的空气或水。管内空气或水的温度与周围温度不同,有高于常温的,如供暖用温水、供暖用蒸汽、供暖用热气(暖风)、供热水等,低于常温的有供水、制冷用冷气(冷风)、冷水、制冷剂等。另外,制作及输送温水、冷水或供气等设备的表面温度也和周围空气温度不同,此类设备有:锅炉、温水生成机、冷冻机、空调机、泵、水池等机器、配管、管道等。

如此,设备与其周围空气因存在温差而产生热传递,热量从机器、配管和送风管处外泄或传递出去,造成热损失。也就是说投入的能源不能100%被利用,造成能源浪费。因此,常在这类机器、配管、管道等表面覆上不传热的保温材料以减少能量浪费,该方法叫保温或隔热。

夏天空气湿度高时,为防止空气中水蒸气遇冷在配管表面结露形成水滴,水滴打湿其他物件所做的保温措施叫防露,防止配管内水在低于零度时结冰所做的保温措施叫防冻。

保温材料和材质的标准由日本工业标准(JIS)规定,材料有玻璃棉、石棉、硬质聚氨酯泡沫塑料、聚乙烯泡沫塑料、聚苯乙烯泡沫塑料、硅酸钙、苯酚泡沫塑料等。

一般情况下,空调设备中的保温材料用玻璃棉制成垫状、板状及筒状,分别配合保温物体的形状使用。

制冷配管的保温材料使用聚乙烯泡沫塑料,给水排水卫生设备中供水配管的保温、防露、防冻材料使用聚苯乙烯泡沫塑料。

配管内外温差越大,保温材料越厚。

以前,石棉也曾用作保温材料,但由于其粉末吸入体内会引发肺气肿,现在已被禁止使用。

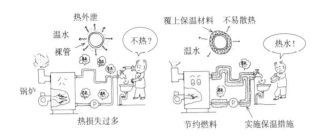

热外泄

温水
裸管

不热?

覆上保温材料　不易散热

温水

热水!

锅炉

热损失过多

节约燃料　实施保温措施

保温的必要性

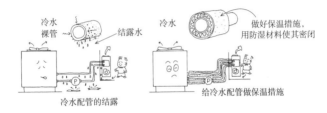

冷水
裸管

结露水

冷水

做好保温措施,
用防湿材料使其密闭

冷水配管的结露

给冷水配管做保温措施

防止结露的必要性

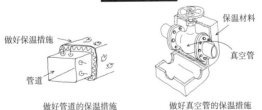

做好保温措施

保温材料

真空管

管道

做好管道的保温措施

做好真空管的保温措施

保温措施

5

机器与材料

6-01 配管工程

配管工程是指在水池到厨房水龙头之间进行的一系列施工工程，诸如阀门安装、给水管连接等，空调设备中从锅炉到空调机间的蒸汽管连接也属配管工程。

如今，在独户住宅的水道配管或城市输气管安装现场仍可以看到现场切割管道、用管钳拧紧管子的场景，但在一般大厦中，多数是直接把工厂内预制装配加工过的管道部件拿到现场进行组装。

下面以钢筋混凝土新建筑为例了解一下配管工程。

配管工程是以结合设计图与现场情况制作施工图开始的。

根据施工图，在给整个框架灌入混凝土前，先在安装配管的梁上和壁中装上套管以保护配管，再在上层地板的模板上钉上插入式铝合金，以此固定螺栓支撑配管。由于竖管一般需固定在管形井筒中，所以往管形井筒灌入混凝土前，先在安装配管的位置安上套管。

为方便开关顶棚上或管形井筒中的阀门，需在其中安装检查口。

整个框架完成后即开始安装配管，配管安装完成后进行水压测试等一系列测试，并给需要保温的配管添加保温措施。之后，为防止火或烟进入其他区域，用砂浆将通过防火区划的梁、壁、地面上的配管形成的间隙封住。

厕所、浴室等用水的房间中所用的配管有的在工厂加工，有的在现场组装，是已装配好的浴室和厕所组合件。另外，在高层建筑中，有以下几种做法：把高度约为三层楼高的各种竖管组合起来的竖管组合法；类似于把地板吊起来一样在地上进行地板管道或配管安装。

为避免因地基下陷、建筑物移位等因素而导致从地面连接到建筑物外壁的配管部分被切断，该处配管使用伸缩性配管等适当的配管连接方法，或使用变位吸收接头进行连接。

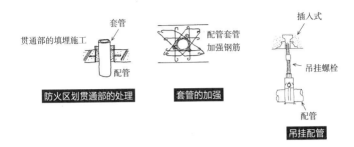

贯通部的填埋施工
套管
配管

防火区划贯通部的处理

配管套管
加强钢筋

套管的加强

插入式

吊挂螺栓

配管

吊挂配管

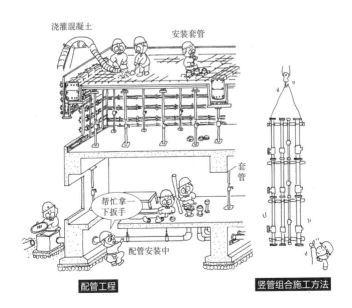

浇灌混凝土

安装套管

套管

帮忙拿一下扳手

配管安装中

配管工程

竖管组合施工方法

6-02 防止振动和噪声

送风机和泵等旋转装置一般安装在空气调节器及给水排水系统中，若旋转部分重量不平衡，机器会产生振动，而有些机器比如往复式冷冻机本身就不平衡，所以振动是难以避免的。

此外，水和空气在配管和管道中流动，也会使水管和管道产生振动。

而振动通过机器或水管等传到建筑物，就会使建筑物的很多场所比如墙壁和地板发生振动，同时也成为产生噪声的主要原因。因此，为了防止这种机械类的振动传播到地板上会采取种种措施，比如：在机械下方插入用橡胶或金属制作的吸收振动的材料，或者直接将机器安装在防振架上，还可以切断振动的传播路径，插入防振轴等。

机型小巧，振动力也不大的泵和送风机上并不特意使用防振材料，只需要将机器固定在水泥上就能达到防振效果。

送风机中叶轮等会产生噪声，甚至会通过管道一直传导到室内。像电影院或电视台这种禁止噪声的地方，不用说肯定在放映厅或演播厅中的管道中安装了消声器或吸声材料，目的在于吸收噪声防止噪声传播到室内。吸声材料上处理噪声的玻璃棉、消声器上的直角弯管、消声器等，根据隔声对象的噪声周波不同，有各种各样的种类和结构。

供水管中水在流动时若急速关掉阀门会产生名为"水击作用"的现象，有时也会产生噪声和振动。为了避免发生水击作用，将阀门关紧固然重要。除此之外，还可以使用一些特殊装置的阀门，例如，安装能在密封容器中吸收上升压力的水击作用防止器以及不易发生水击作用构造的单杠水栓等。

另外，当管道和墙壁、地板的通道处相接时，为了防止振动向建筑物内其他区域传播，会在通道部填满石棉。

由于顾客都比较青睐于压力小、效率高的泵和送风机，因此尽量减小噪声比较重要。

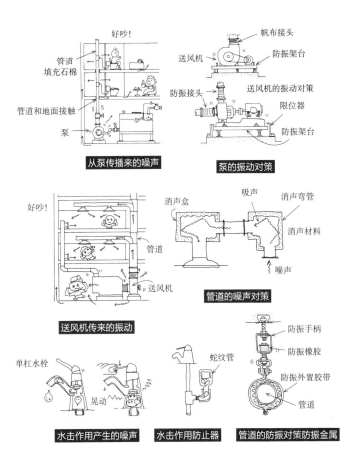

好吵!

管道填充石棉

管道和地面接触

泵

从泵传播来的噪声

帆布接头

送风机

防振架台

防振接头

送风机的振动对策

限位器

防振架台

泵的振动对策

好吵!

管道

送风机

送风机传来的振动

吸声

消声盒

消声弯管

消声材料

噪声

管道的噪声对策

防振手柄

防振橡胶

防振外置胶带

管道

单杠水栓

晃动

水击作用产生的噪声

蛇纹管

水击作用防止器

管道的防振对策防振金属

6-03 抗震施工

在1964年的新潟地震及1995年的兵库县南部地震中，出现了地表液状化现象，给建筑物通道部的管道带来了很大危害。但是在1978年宫城冲地震发生之前，人们并没有意识到建筑物防震对策的重要性。之后又发生了大地震，抗震对策势在必行。于是人们根据这些地震的灾害情况，制作了抗震设计、施工的基准。

地震给给水排水系统卫生设备带来的损害主要有：机器的移动和倒塌，建筑物通道部的管道破损，因屋顶摇晃而导致的喷头和头部支管的折损等。另外，FRP水槽管中的水晃动导致的水槽侧壁上部及顶部产生正压和负压，由此出现晃荡现象，会造成水槽破损、移动和水槽相连接的配管脱落，管道插入到水槽中间等危害。

为了防止机器的移动、倒塌通常采取以下几种方法：水槽及锅炉等非旋转装置，使用能预防地震震动所产生的拉拔荷载的基础螺栓进行紧固；泵等旋转机器直接设置在防震基础上，并在水平、垂直方向安装限位器。另外，为了防止地震时机器或底盘随意移动，有必要用钢筋将底盘和建筑一体化。

并且，像家用电热水器等较高不稳的机器需要墙壁或者屋顶的支撑。

为了避免在地震时发生剧烈晃动，横向走势的配管都会尽量装在离屋顶较近的地方，采用能充分利用其支撑力的方法进行支撑。同时，使用吊螺栓进行紧固时，为防止摇晃，管轴方向和横向都设有支撑。此外，当管道和建筑物的膨胀部相连接时，可以将其安装在晃动较小的地板处，并用变位吸收轴进行连接，这样，配管就具有了伸缩性。

建筑通道部的管道有伸缩性能带来余长或使用变化盐化胶管容易因错位遭到破坏，应当避免使用。

喷头的配管也可使用可伸缩胶管，为了避免头部碰到顶棚顶部，通常在安装部的顶部留有余量。

水槽的晃动现象

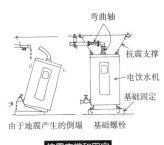

抗震支撑和固定

机器和管道的抗震对策

管道的抗震支撑

弹簧顶端抗震施工举例

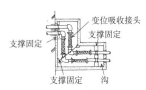

建筑物导入部配管例

6

施工与维护管理

6-04 防冻结

为了防止建筑物管道冻结，我们经常使用的方法就是将管道安装在不易冻结的场所。如果不可避免将管道安装可能冻结的地方，经常采取以下几种防冻对策：①在管道上包裹涂层防冻结。②使用在管道保温情况下靠温度自动调节器控制通电的电热线。③在水栓和管道上安装引流栓，晚上将管道中的水抽出。④将水栓稍稍打开，让水继续流。⑤安装防冻结阀，当水温下降接近冰点时，打开阀门排水。⑥将管道埋在比冻结深度（霜柱形成的高度）更深的位置。⑦可以将管道设在埋在冻结深度位置的解冰管中。

只是，对于像别墅这种冬季长时间不用的建筑，上述方法①②④⑤实施起来都比较困难，一般会将方法③⑥结合起来使用。此外，不只是管道，当机器设置在屋外时，若机器底部安装在低于冻结深度的地方时，机器会受冻土影响有倒塌的可能性。

马桶的封水主要采取以下措施防冻，比如使用流动式低槽、带加热器的马桶、不带防臭阀的坐便器，或者将防臭阀设置在冻结深度以下。冬季，长时间不使用的别墅会在防臭阀的封水里倒入不冻液体乙二醇防止冻结。但是，从水质污染角度看，有必要将其稀释5000～10000倍后再排出，所以要注意用量。

自动洒水灭火装置的防冻措施是在容易冻结的枝管里装入压缩空气而非水，以保持管道干燥。

万一管道冻结后有以下几种措施：在冻结的管道外侧盖上布，并浇热水来解冻；在解冰器里面倒入热水；用抗高温软管向供水管喷射解冰器的温水和蒸汽；还可以将冻结的管道（仅限金属管）直接通电，用电热解冻，但是电热解冻时，如需要注意如果使用了和电阻相异的材料相并联可能会在电阻大的地方温度异常升高。

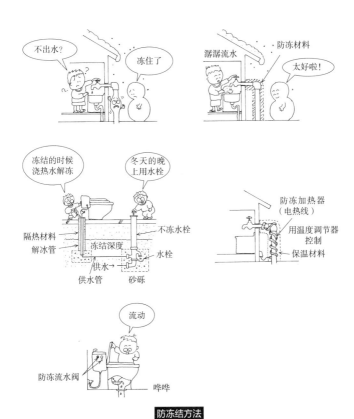

防冻结方法

6-05 建筑设备的维持管理

我们一般称大楼、剧场、学校、医院等建筑物里的空调、给水排水、电气等设备为建筑设备。

为了保证这类设备日常情况下能够正常运转，要经常对这类设备的运行状态进行监控，发现有可能引起故障的运行中的不良、磨损及腐蚀后，为了能够迅速进行正当的处理，需要不断地对设备进行检修、调整和配备。这一系列过程总称为"维持管理"。

检修作业一般分为设备的管理者和运营者每天都进行的"日常检修"及一年间制定计划以周、月、季度为单位进行的"定期检修"。

日常检修、配备是由管理者直接对设备和机器进行巡视、检修，通过目视观察其运行状态是否有异常，必要时对部品进行更换、清扫，并记录各类仪表的显示值。

定期检修比日常检修更专业，由专门技术人员和资深人士按照规定的顺序进行点检，像锅炉及电梯等具有法定检修义务的称为法定检修。定期检修时会对机器进行细致周到的检查、测定，并进行必要的配备和补修。

最近建筑都采用建筑物管理系统，由电脑统一管理各种设备和机器的启动、停止及运行状态的监控、检修等，并保存其结果，定期检修时进行指示、故障发生时调查过去的记录，必要时获取相应的数据，如此一来，管理业务更加合理化了。

这种大楼管理系统不只是针对空调设备和给水排水卫生设备，对于电气、通信、信息管理和防盗设备也进行统一管理，甚至会收集能量消费总量等数据，估算全体设备的经费并向承租者收取费用，大多数大楼的运营管理都是采用的远距离操作。

这类维持管理业务，建立体系并付诸实践相当重要，因业务疏忽而造成包括人身事故在内的重大事故也不在少数。

管道、阀、防振接口
是否有变形或漏水

轴承:
能否用手触摸

压力计,功率计:
指示压是否正确

电压、电流:
是否是定值

开关类:
有无异常

电线:是否异常发热

电动机:
是否有异响、异常振动或异常发热现象

水漏状态是否适量

泵的日常检修

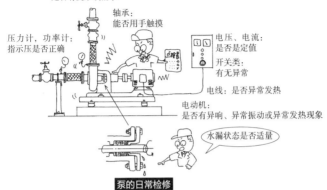

嗅觉:
有无异臭

视觉:
有无错位

触觉:
那边

听觉:
有无异响

送风机的日常检修

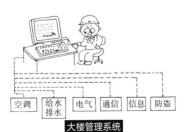

| 空调 | 给水排水 | 电气 | 通信 | 信息 | 防盗 |

大楼管理系统

6-06 设备的使用寿命和更新

空调设备和给水排水设备等建筑设备都有其各自的使用寿命，很多机械类产品在法律上规定的使用寿命是15年（这个期限被称为法定使用年限）。即使保养和管理得很好也会在大概20年后出现腐蚀、磨损、物理性能退化等现象，而不能使用。另外，随着技术的进步，机械类产品中出现了性能更高、价格更便宜的产品，所以比起一边护理一边使用，直接更换新设备在运转、维护管理上更节约成本。并且由于老设备系统太旧，其也会发生不能适应当前的状况。我们分别称之为物理（机械的）退化、经济退化、机能退化。

我们调查这种设备和机器的退化情况，就会发现在当初完成时设计上的问题和施工的缺陷会造成故障。我们称之为初期故障。

持续运行一段时间后，机械会出现磨损、腐蚀等，并且、随着时间的推移，故障的发生频率会增加。这一时期发生的故障称为磨损故障。

将这类故障按时间推移顺序，以横轴为时间、纵轴为故障率作图，恰好会得到浴缸形状的曲线，我们称这类曲线为浴缸型曲线。

设备和机械等，若在故障发生之前就查知，提前更换消磨品，用护理预防故障，便延长其使用寿命。这种在故障发生前对设备进行维修、管理的方法称之为预防保全，与之相反，故障发生后进行修理，维护制定相关对策的方法称为事后保全。

如此，由于多种原因导致设备和机械性能退化，不能继续使用或运行后有必要对其进行更换。这称之为设备更新。目前，事务所大楼已经竣工了40多年了，已然和节能及IT时代不相称，并且建筑设备的物理性能的退化和机械性能的退化也日趋严重，因此更新施工也在如火如荼的进行中。

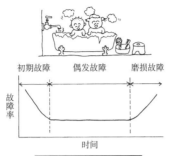

故障率曲线（浴缸型曲线）

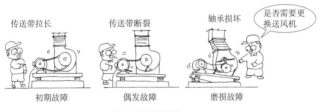

送风机故障案例

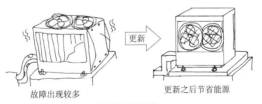

机器的更新例

6

施工与维护管理

6-07 金属材料腐蚀的预防

离子化倾向小的金属（贵金属）和离子化倾向大的金属（次贵金属）通过水等的电解质溶液连通后，会以水为介质构成电池，腐蚀次贵金属。微观上，同一金属表面存在不均匀的电位差，水管配管上电位低的部位易被氧化从而发生腐蚀现象。但是，氧化了的金属表面会出现一层阻碍金属继续被腐蚀的氧化膜。铜管和不锈钢管便是利用这层氧化膜来抗腐蚀的。

为不让金属材料被腐蚀，基本的方法是通过喷漆或涂树脂内衬来防止金属表面沾水。即使是使用涂有树脂内衬的钢管，如果其端部没有完整喷涂的话，便会因为被腐蚀而流出红锈水。此外，还有利用具有透气防水性质的膜层和真空泵对水进行脱氧的脱气供水装置。

为防止腐蚀常使用带树脂涂覆的材料来制作钢板水槽。不锈钢属于耐腐蚀的金属，但是惧怕含氯的卤化物。水管水流入不锈钢板水槽时，会往其内部的上表面迸溅水珠，随着水珠中水分的蒸发，氯元素浓度便会升高，进而导致该部分发生腐蚀。为应对此种情况，对那一部分会采取树脂涂覆等对策。

湿润的土壤跟水一样也能作为电解质。埋设在土里的管道的外表面会发生腐蚀，因此要使用外表面带有树脂涂层的钢管。此外，对于用作供水管道、煤气管道的钢管或者铁铸管会采用牺牲阳极的电解防蚀法，在管道外镀镁等次贵金属，靠腐蚀这些次贵金属来达到钢管防蚀的目的。

此外，贯穿建筑物的配管，在配管进入土壤的部位易发生腐蚀。这是因为，多数情况当管道与混凝土接触时，混凝土、水、管道三者连通构成了电池。

铁路上，从变电所流出的直流电流流经滑接线、电车、电车线路，再回到变电所。电车线路附近的土壤中埋设有金属管。从电车线路中漏出并流入金属管的电流，到达变电所附近时再从金属管流出返回到铁轨。这个过程中也会发生腐蚀，称为"电解腐蚀"。

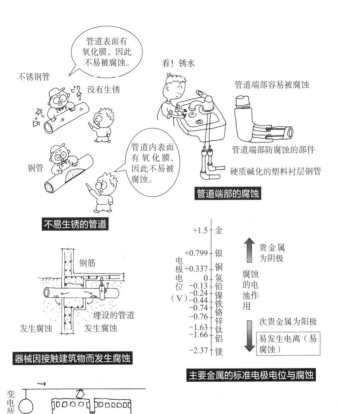

管道表面有氧化膜，因此不易被腐蚀。

不锈钢管

没有生锈

看！锈水

管道端部容易被腐蚀

管道内表面有氧化膜，因此不易被腐蚀。

铜管

管道端部防腐蚀的部件

硬质碱化的塑料衬层钢管

管道端部的腐蚀

不易生锈的管道

钢筋

发生腐蚀

埋设的管道

发生腐蚀

器械因接触建筑物而发生腐蚀

电极电位（V）

+1.5	金
+0.799	银
+0.337	铜
0	氢
-0.13	铅
-0.24	镍
-0.44	铁
-0.74	铬
-0.76	锌
-1.63	钛
-1.66	铝
-2.37	镁

贵金属为阴极

腐蚀的电池作用

次贵金属为阳极

易发生电离（易腐蚀）

主要金属的标准电极电位与腐蚀

变电所

电车的线路

阳极部分易腐蚀

埋设的管道

直流电产生的腐蚀

6

施工与维护管理

6-08 配管的诊断与更新

　　机器和配管的使用年限通常比建筑物的使用年限要短，因此在翻新建筑物之前需要更换几次机器和管道。

　　根据内部流通液体的性质和流速等的不同，配管的寿命也不尽相同，不能一概而论。一般来说，钢管的使用年限为15～30年，排水用铁管在不用作厨房排水管的情况下，其使用年限可达60年以上，铜管、不锈钢管的使用年限约为30年，而树脂管则在40年以上。但是，当铜管内部的液体流速过快时，在使用初期会腐蚀管壁，形成小孔，称为"孔蚀"。

　　若出现流红锈水，冷热水供应不良，水循环恶化及漏水等现象时，就需要更换管道。不过，应先调查管道的腐蚀程度，以此为依据来判断是否需要更换管道。

　　调查方法有"非破坏性检查法"和"破坏性检查法"等等。其中，"非破坏性检查法"不会损坏管道，通过确认出水和水循环的情况，检测管道的腐蚀程度；利用纤维镜观察管道内部的状态；通过超声波厚度测量仪、X射线图像或者γ射线图像来检查管道的厚度和状况。而"破坏性调查法"则需要切断管道，取出一部分来检查腐蚀的程度。

　　机器一般安装在便于更换的位置，这样更换起来比较方便。而管道则常安装于管道竖井、顶棚、墙壁的内部，所以多数情况下更换起来非常不容易。因此，为了便于更换管道，会在管道竖井中预留备用管道的空间。检查门的设置会方便整个门的拆卸，还需要考虑到不把管道埋设在墙壁中的情况。如果没有考虑到这些情况，更换的管道变成外露配管，就需要将新换管道维护起来。

　　处理红锈水除了更换管道之外，如若情况并不严重，还可以采用翻新的施工方法。也就是先除去已铺设管道内部的锈垢，然后再往管道内注入树脂使其形成内衬的方法。

　　更换管道的时候，需要临时暂停冷热水的供应。因为不能长时间停止冷热水的供应，所以架设临时管道等步骤也十分重要。

　　此外，为了使上下水管道更通畅，便于人们居住，根据给水排水卫生设备的情况，借着更换管道的机会更新整个水循环装置的情况也比比皆是。

利用纤维镜进行管道内部检查

利用超声波进行厚度测量

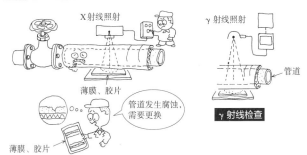

X射线检测

γ射线检查

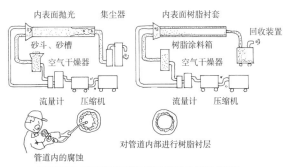

利用管道内表面树脂衬层进行翻新的施工方法事例

7-01 空调设备与地球环境

人类为了过上更加舒适的生活，借助科技的力量不断发明新事物并将其应用到日常生活中。但却导致了近年来地球环境的日渐恶化，其主要表现为平流层臭氧层的破坏，温室效应、酸雨以及热带雨林的破坏等。

由此最先受到关注的是叫做氟利昂（氯、氟及碳的化合物）的氟碳化合物制冷剂和哈龙（溴、氟及碳的化合物）灭火剂。氟利昂常被用作空调制冷机的冷媒，除此之外，也用于清洗油脂，制作隔热材料发泡剂和化妆品喷雾等。事实证明，这种物质一旦泄露到空气中，进而上升到覆盖在地球上空的平流层，就会破坏其中对紫外线起隔离作用的臭氧，进而导致人类皮肤癌的多发。

1987年，在加拿大蒙特利尔召开的国际会议决定分阶段禁止氟利昂的生产和使用。会上，五种氟利昂和哈龙被停用，之后又有三种含氢的氟氯烃被禁止生产。最近，人们已经开始使用可替代物质进行制冷。

此外，近年来地球上空二氧化碳的浓度逐渐升高，被证明是导致气温升高、全球变暖的元凶。如何减少能耗带来的二氧化碳排放量已成为我们面临的重要课题。

空调设备中，除锅炉燃烧燃料之外，靠火力发电来带动冷冻机、送风机及水泵等装置的运转也会造成二氧化碳的排放。因此，采取措施最大程度减少燃料资源和电能的消耗已迫在眉睫。

再者，由于未破坏臭氧层的氟碳化合物冷媒也会对全球气候变暖产生影响，将来上述之外的氟碳化合物制冷剂也有可能被禁止使用，人们正在利用如二氧化碳、氨等自然界原有的物质进行制冷。

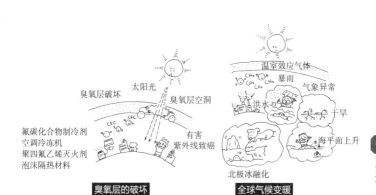

臭氧层破坏   太阳光
臭氧层空洞

氟碳化合物制冷剂
空调冷冻机
聚四氟乙烯灭火剂
泡沫隔热材料

CFC

有害
紫外线致癌

臭氧层的破坏

温室效应气体

CH₄ CO₂ CH₄   暴雨

气象异常

洪水

干旱

海平面上升

北极冰融化

全球气候变暖

7

资源、能源、环境

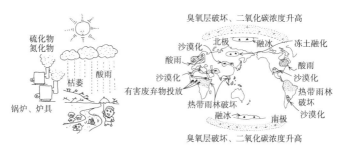

硫化物
氮化物

酸雨

枯萎

锅炉、炉具

酸雨

臭氧层破坏、二氧化碳浓度升高

北极   融冰   冻土融化

沙漠化

酸雨   酸雨

沙漠化   沙漠化

有害废弃物投放   热带雨林
破坏

热带雨林破坏   沙漠化

融冰   南极

臭氧层破坏、二氧化碳浓度升高

地球环境破坏问题扩大

157

7-02 给水排水卫生设备和地球的环境问题

为了减轻排水卫生设备给地球环境带来的负担，我们应有意识地进行设计和施工。如使用节水器具、使用能源利用效率高的机器以节省资源和能源、使用生态环保材料、不使用破坏臭氧层的物质、提高污水处理设备排放水的水质等。

其中，节约资源和能源能够减少大气中二氧化碳的排放量，有助于抑制温室效应。

说到节水器具，目前人们已经发明出了水栓的节水螺塞，并逐渐开始使用自动水栓。它能够感知人们的使用情况，出水一段时间后可以自动停止。过去，大便器冲洗一次要耗费15L水，小便器则多采用24h不间断流水的方式进行清洗。现在，不仅出现了冲洗一次用水量仅为6L的大便器，也出现了通过自动清洗模式感应使用情况的小便器。

此外，热源机中出现了热泵、废热发电等能源利用效率高的机器和系统。

关于生态环保材料，很久以前人们已经对金属材料进行循环利用。但近年来人们多将树脂制品用于排水，而以一次性硬质聚氯乙烯管为原料的可循环硬质聚氯乙烯管和可再生塑料雨水斗被广泛应用。然而，饮用水使用的树脂配管因卫生方面的缘故还不能被循环利用。

以前，封闭式停车场、配电室、通信机房等场所多采用以哈龙1301为灭火剂的消防设备。但是，哈龙1301因对臭氧的严重破坏现已被禁止使用。作为其替代品，HFC227ea、HFC23、氮、IG55、IG541等对臭氧层无害的灭火剂（加译）逐渐投入使用。

对于污水处理设备水质处理能力的提高，可将净化槽分为单独式净化槽（尿粪净化槽）和有两根管道能同时处理污水和杂排水的合并式净化槽。单独式净化槽排水的生化需氧量值低于90mg/L。根据净化槽安装位置和处理对象人群的不同，合并式净化槽排水的生化需氧量值分为低于60mg/L或低于30mg/L两种。在修订净化槽法之后，目前所谓的净化槽均指合并式净化槽，其排水的生化需氧量变为低于20mg/L。

硬质聚氯乙烯管（废料）

循环再利用工场

废料回收

我是节能泵呦！

火力发电站

CO_2

采用省电节能型机器来减少 CO_2 的排放

分类

铁　盐

产品

建材

外层（硬质聚氯乙烯管材料）

下水道用发泡三层管

中间发泡层（循环再利用材料）

内层（硬质聚氯乙烯管材料）

省电

废料的再循环

杂排水（家庭排水中，从厨房或浴室排出的废水，雨水或粪便之外的排水）

微生物进行净化

污水

合并式净化槽

排放

聚四氟乙烯会破坏臭氧层，所以在生产中被禁用。

必须是合并式处理装置！

气态灭火装置

净化槽

7

资源、能源、环境

7-03 空气调节设备与节能

在炎热的夏季，空气调节设备利用冷冻机使房间内部变得凉爽；在寒冷的冬季则通过加热锅炉提供热量。从整个空气调节系统来看，其中的设备不仅包括有制冷供热作用的冷冻机和锅炉，还包括通风机和热泵等设备。而这些设备需要消耗多种燃料和电能实现运转。

日本夏季的最大耗电量常常源于冷气用电。在日本耗用的能源资源中，约有80%依赖外国进口。地球上化石燃料的蕴藏量是有限的，所以无论如何我们都务必有效地利用能源资源。

因此，为尽可能减少能源资源的消费量，人们在不同领域内坚持不懈，努力奋斗。正因如此，日本的经济得到良好发展，制造行业的能源消耗相对降低。但是另一方面，住宅、楼房等民用能源消耗及汽车等运输业的能源消耗却与日俱增。

为了推动节能事业的发展，我们应采取措施降低能源的消费量，提高能源利用率，合理地利用能源，开发和利用新能源。

例如，每年普通写字楼内空气调节设备的耗电量就约占总耗电量的一半。从节约空气调节设备用电的角度来看，我们可以降低空调负荷，减小设备容量；提高机器效率，选择能源浪费较少的系统；也应注意，及时停止机器的运转以避免不必要的电力消耗。

为了采取有效手段节约空气调节设备用电，《关于能源使用合理化的法规》规定：对于一定规模以上的写字楼、酒店、商铺、学校、医院等建筑物，为减少其本身的热负荷，应使用隔热性高的材料；空气调节系统整体每年的能源消费量应不超过某个固定的限度。因名称过长，此法一般简称为《节能法》。

此外，上述法律中，还对室内空调等空气调节设备的性能及机器功率做出了明确规定。同时，也制定了制造商应以市场上已有的最好的机器为目标不断改进机器的领跑者制度。

重新设定冷暖气设备的温度

应放下百叶窗和窗帘

开冷气时，因日光照射而造成浪费能源

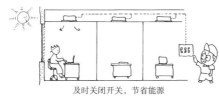

及时关闭开关，节省能源

空调设备与节能

办公室能源消耗的比例图

7-04 给水排水卫生设备和节约能源

最近由于城市中有水资源缺乏的趋势，因此我们有必要关注节水和废水循环使用以及雨水的利用情况。因为采取这些措施，可以减少用水量，在供水系统的取水设施、水净化设施、供水设施、建筑供水、热水、排水设备、净化槽、下水道的终端处理厂的水处理设施在运送、加热以及处理水的时候就可以达到节省资源能源的目的。有时候由于废水再利用设备会使用药品和电力，不能节省能源的情况也有，但是可以有效地应对水资源不足。

虽然节水器具的使用和维持适当的水压防止出水过多等设计或者调整是非常必要的，但使用者的节水意识也很重要。

构建高效系统从而尽可能地少使用水、热能、动力是必要的节能措施。例如，无负压增压供水设备能够利用流水道管的水压来节约能源，可是由于没有水塔，发生灾害时会出现危险，这些节能之外的事情我们也必须考虑。

给水排水卫生设备中最消耗能源的是供热水设备。最近给热水热源机的效率提高了。热能利用效率达到97%的潜热回收型煤气热水器也开始出售，这种煤气热水器具有回收废弃热能的功能。

另外，需要利用高效率产生的热能。例如太阳热能、冷气排热、温排水的热、空气的热混合循环发电等。

在给建筑面积2000m^{2}以上的建筑物进行热水设备的安装、改修和维持保护时，根据节能法规定：制定考虑配管路径的缩短、配管绝热等配管设备计划，需要采用恰当的热水设备控制方法，以及采用高效的能源利用热源系统。这些相关的措施是否准确实施需要根据建筑业主的判断通过公告反映出来。

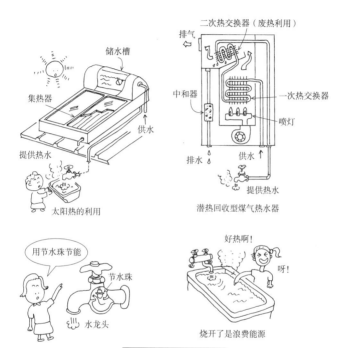

储水槽
集热器
供水
提供热水
太阳热的利用

二次热交换器（废热利用）
排气
中和器
一次热交换器
喷灯
排水
供水
提供热水
潜热回收型煤气热水器

用节水珠节能
节水珠
水龙头

好热啊！
呀！
烧开了是浪费能源

给水排水卫生设备和节能

7-05 所谓的混合循环发电

现在日本的火力发电所是使用蒸汽驱动发电机的蒸汽轮机来发电。蒸汽由石油、天然气、石灰等放在锅炉里燃烧来加热水产生的。蒸汽轮机里有冷凝器，它用海水使蒸汽冷却凝结。最后燃料能量的40%左右被转化为电能，剩下的大部分在覆水器被当做冷却水扔掉。这对于基本上依靠能源资源进口的日本来说是非常浪费的。

当前，能够有效利用在火力发电厂被弃掉的能源装置就是混合循环发电。这种想法早在20世纪初的欧洲就已出现，以热能发电供热的名字在局部地区暖气和工厂的发电、加热等方面广为使用。

混合循环发电用石油或城市煤气等燃料运转内燃机（发动机）和煤气轮机来发电，过程中产生的废气和冷却水用来加热制造温水和水蒸气，再把这温水和水蒸气用于暖气、提供热水、加热，另外作为吸收冷温水机的加热源也可用于空调。通过这个方法可以有效利用燃料80%以上的能源，达到与以往火力发电设备相比两倍以上的效率。

混合循环发电设备通过利用内燃机器和煤气轮机，供电力和热能的地区附近分散设置中小容量的机器，针对今后电力需要的增加作为分散型发电设备局部应对值得期待。

最近燃料电池备受瞩目。它是利用分解天然气得到的氢气与空气中的氧气使它们发生电气化学反应来发电。因为这个装置也会以蒸汽和温水的形式释放热量，也被考虑用于供热和暖气、空调等。这也是混合循环发电的系统之一。

把混合循环发电用于特定建筑物等场合，期待热负荷和电力负荷平衡地产生，从这一点来看也可以说它也适合旅馆和医院工厂等的系统。

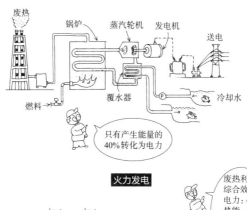

废热
锅炉　蒸汽轮机　发电机
送电
燃料
覆水器
冷却水
只有产生能量的40%转化为电力

火力发电

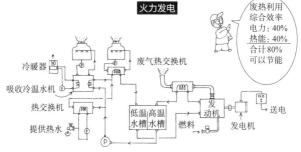

废热利用综合效率
电力：40%
热能：40%
合计80%
可以节能

冷暖器
废气热交换机
吸收冷温水机
热交换机
低温水槽　高温水槽　燃料
发动机
送电
发电机
提供热水

混合循环发电系统

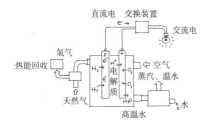

直流电　交换装置
交流电
氢气
热能回收
空气
蒸汽、温水
电解质
水
天然气
高温水

燃料电池和热能回收

7-06 地区冷暖气设备

在高楼林立的大城市市中心地区，与给各个楼内设置可以调解空气或者供暖的冷冻机、锅炉等热源设备相比，集中在一个或数个地方用热能设备输送冷水、热水、蒸汽等热介质，这样可以缩小设备容量、省去每个楼里供热设备机械室和维修人员，经济节能又省力，也可防公害、防灾。

像这样多种建筑物通过一个或者几个热源成套设备的配管向各个大楼供热的系统被称为"地区冷暖气设备"。

19世纪末，在欧美的城市，为有效利用火力发电厂的废热，便把废热转变为热水或者蒸汽运送到城市的楼里，这是利用暖气或热水供暖的地区暖气设备的开端。第二次世界大战后，日本在联合国驻军的基地首次采用该设备，1950年代后期，作为解决城市大气污染公害问题的方法之一开始引人注目。以北海道札幌市中心街区为首各地的住宅区等也用起地区冷暖气设备来。

20世纪70年代，在日本大阪的千里丘举行的万国博览会会场采用了地区冷暖气设备。那时使用的冷冻机也一同被用于大阪千里新城中心地区事务所大楼等建筑群的供暖，1970年开始运转。1971年，地区冷暖气设备在东京新宿的新建的市中心也开始运转起来。

就这样，地区冷暖气设备从最初的废热利用到成为日本防止大气污染的策略被采用，其作为城市的基础设施的意义得到认可，进一步发展为指定地区内不特定多数家庭需要的长期稳定供给冷暖气、热水等热介质的设备。

在日本，具有一定规模的地区冷暖气设备和电力、城市煤气的供给设施一样，属于公益事业。《热供给事业法》规定了其供给范围、价格和技术标准。

7

资源、能源、环境

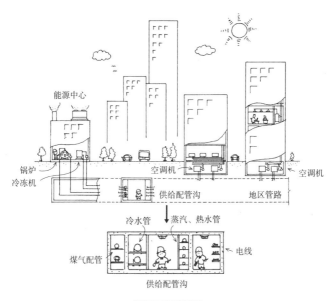

能源中心

锅炉
冷冻机

空调机

空调机

供给配管沟

地区管路

冷水管 蒸汽、热水管

煤气配管

电线

供给配管沟

地区冷暖气设备

7-07 自然能源和未利用的能源

地球上的石油、天然气等化石燃料，核能发电所用的铀资源等按照现在的消费速度的话，今后数十年间将被挖光用尽，即使储存量相对较多的煤炭也只能用200～300年左右。因此，开发取代这些化石燃料的新能源成为人类的重要课题。

照射到地球的太阳能、风能、水能、潮汐能、海洋水温差、地热等是在自然界还没有被充分利用的能源。这些存在于自然界但还没有普遍使用的能源被称为自然能源。其中太阳能利用较多，期待今后将它们更大幅度的应用于太阳能热水器和太阳能发电等。

因为这些能源几乎是取之不尽，用之不竭的，也可称作可再生能源。但是，太阳能有分布密度相对较低和依靠天气的稳定才能获得的缺点。

由于空气的调节不需要过高的温度，今后也将发明高效率利用太阳能的冷冻机，以求实现这些自然资源的直接利用等。

我们周围未被利用就被丢弃的东西有很多，但其中也有用可燃性垃圾的热能产生蒸汽，进而发电的垃圾发电等。另外，工厂的废热，发电站和高压电线、变电站等的焦耳热，下水、排水，地铁隧道内的空气等，温度相对较低，直接供给热水也没法利用，这样的热能源有很多。

社会生活进行时产生的能源且至今没有被利用的称为未利用能源。从河流水、地下、外太空中直接用热泵汲取热能的技术，已经广泛应用于日本的空调设备和供热水设备。

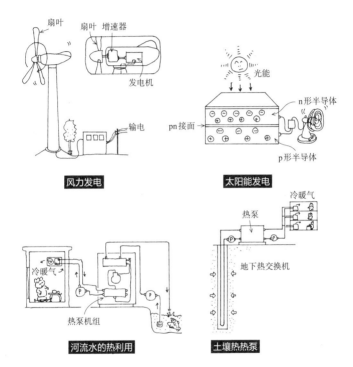

扇叶

扇叶 增速器

发电机

输电

风力发电

光能

n形半导体

pn接面

p形半导体

太阳能发电

冷暖气

热泵

冷暖气

地下热交换机

热泵机组

河流水的热利用

土壤热热泵

7

资源、能源、环境

7-08 废水造成的环境污染

　　我们很早就向水沟、河流、海洋里扔垃圾、排放废水。它们的排放量如果在水的自然净化能力范围之内，就不会产生太大问题。然而城市人口一旦变得集中，这片水域的水就会被污染。罗马时代底比斯河污染事件、平安京时代乱扔垃圾造成的贺茂川的污染事件以及19世纪中期因为臭气造成国会闭会、审判终止的伦敦泰晤士河污染事件等都被记录在案。

　　城市之外也因为有工厂、研究所等排放含有药品之类的污水造成水污染。更为甚者由于农药的喷洒、有机溶剂泄漏而造成土壤和井水污染。

　　根据《环境基本法》，环境厅在《有关水质污染的环境标准》的告示中，规定了河流、湖泊、海域等公共水域应该维持的水质标准。它由健康项目和生活环境项目组成。其中健康项目包括与人类健康相关的镉、总氰化物、铅、六价铬、砷、PCB、二氯甲烷、等26个项目。与利用目的相符，与保护生活环境相关的生活环境项目包括pH、BOD（生物化学需氧量），湖泊、海域中称COD（化学需氧量）、SS［悬浮固体，海域中正己烷提取物质（油等）］、DO（溶解氧）、大肠杆菌群数等9个项目。另外，湖泊以及海域根据利用目的规定了总氮、总磷、总锌的值。

　　2005年日本调查公共水域水质污染的环境基准达标现状，健康项目的达标率是99.1%，所有监测点基本达到环境标准。

　　生活环境项目环境达标率中，河流占87.2%、湖泊占53.4%、海域占76.0%，总体为83.4%。虽然近几年河流、湖泊达标率有所提高，但海域达标率却在降低。

　　另外，因农药和有机溶剂造成的地下水污染事件也在不断出现，2005年调查的4691口井中，6.3%超过环境标准。其中由于施肥、家畜排泄物、生活废水等因素，4.2%的水井的硝酸氮和亚硝酸氮超标。

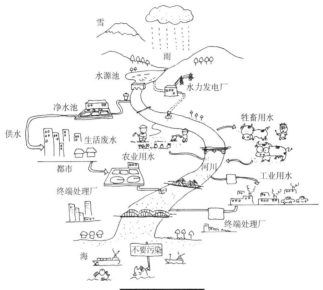

雪

雨

水源池

水力发电厂

净水池

牲畜用水

供水

生活废水

农业用水

都市

河川

工业用水

终端处理厂

终端处理厂

海

不要污染

生活废水和环境污染

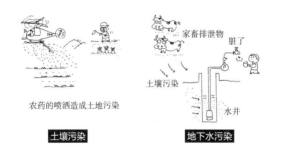

农药的喷洒造成土地污染

家畜排泄物

脏了

土壤污染

水井

土壤污染

地下水污染

7

资源、能源、环境